LES PRINCIPES

DE LA

MÉCANIQUE RATIONNELLE,

PAR

C. DE FREYCINET,

DE L'INSTITUT.

PARIS,

GAUTHIER-VILLARS, IMPRIMEUR-LIBRAIRE

DU BUREAU DES LONGITUDES, DE L'ÉCOLE POLYTECHNIQUE,

Quai des Grands-Augustins, 55.

—

1902

SUR

LES PRINCIPES

DE LA

MÉCANIQUE RATIONNELLE.

PARIS. — IMPRIMERIE GAUTHIER-VILLARS,

31206   Quai des Grands-Augustins, 55.

SUR

LES PRINCIPES

DE LA

MÉCANIQUE RATIONNELLE,

PAR

C. DE FREYCINET,

DE L'INSTITUT.

PARIS,

GAUTHIER-VILLARS, IMPRIMEUR-LIBRAIRE

DU BUREAU DES LONGITUDES, DE L'ÉCOLE POLYTECHNIQUE.

Quai des Grands-Augustins, 55.

—

1902

PRÉFACE.

Des Travaux remarqués ont, depuis un quart de siècle, accusé une tendance à faire de la Mécanique une Science nettement abstraite. Négligeant les corps réels, on construit des systèmes dans lesquels la masse et la force sont à l'état de coefficient et d'expression analytique, on pose un certain nombre de postulats ou d'axiomes, et l'on recherche le mouvement que ces systèmes doivent prendre suivant des hypothèses déterminées. On évite ainsi, dit un éminent géomètre, « ce dualisme entre force et matière qui s'était introduit dans l'ancienne Mécanique ». A mon avis, ces voies nouvelles ne sont pas sûres, et en tout cas elles ne sont pas favorables à la découverte des lois naturelles. Je crois prudent de s'en tenir à la tradition des Galilée, des Newton, des d'Alembert, des Laplace, des Lagrange ; et si quelque changement doit être apporté à des méthodes, naguère réputées classiques, c'est plutôt, selon moi, pour en accentuer le caractère expérimental et pour mettre davantage en relief les données physiques qui leur servent de bases. Sans doute la Mécanique ainsi exposée présente un « mélange » de calcul et d'observation, « avec quelque peu d'anthropomorphisme ». Mais quelle est la branche de nos connaissances qui échappe à ce dernier reproche? Toute Science ne porte-t-elle pas l'empreinte de nos concepts et, quand elle sort de la pure logique, l'empreinte aussi de nos sensations vis-à-vis du monde extérieur? Sa fécondité et sa certitude ne sont-elles pas alors en raison de son intime contact avec la Nature et ne devient-elle pas stérile à mesure qu'elle s'en éloigne?

J'ai voulu, dans les pages qui suivent, reprendre précisément la méthode que certains inclinent à délaisser. Loin d'en atténuer le prétendu défaut, je l'ai délibérément accru en donnant plus de place aux considérations empiriques. Le « mélange » signalé comme un manque d'unité n'en sera que plus apparent; j'espère toutefois qu'il ne passera pas pour de la confusion. Car au fond les deux parties, abstraite et concrète, sont parfaitement distinctes. Celle-ci sert de support à celle-là. Les données expérimentales précèdent et motivent les théories analytiques; elles les maintiennent dans la région du réel, hors de laquelle les plus brillants exercices de calcul sont décevants.

Ayant eu seulement en vue d'éclaircir des points controversés, je ne présente pas ici un Traité (les loisirs me manqueraient pour recommencer l'œuvre de ma jeunesse), mais une simple Étude dans laquelle je cherche à mettre les esprits en garde contre une tendance que je considère comme peu philosophique et même comme dangereuse. Si elle venait un jour à prévaloir, elle entraînerait, je le crains, un arrêt dans les progrès de la Dynamique et elle ne contribuerait certainement pas à développer dans la Science les habitudes d'observation.

LES PRINCIPES

DE LA

MÉCANIQUE RATIONNELLE.

Comme toute Science, la Mécanique a ses concepts propres, qui sont en rapport direct avec son objet et qui contribuent à la différencier des autres Sciences. D'autre part, elle est déductive et dès lors repose en entier sur quelques principes, non démontrables par le raisonnement. Ces principes, qui portent le nom de *Lois générales du mouvement*, sont empruntés à l'observation de la Nature. Ils donnent à la Mécanique son caractère de Science concrète et lui assignent sa place dans la Physique mathématique ; non dans les Mathématiques pures, comme tendraient à l'y faire ranger sa qualification de « rationnelle » et l'emploi si heureux qu'elle a fait du Calcul.

La présente Étude est consacrée à l'analyse de ces concepts et à l'exposé de ces principes.

Elle se termine par quelques réflexions sur la nature du problème dynamique, envisagé dans sa plus grande généralité.

CHAPITRE PREMIER.

CONCEPTS DE LA MÉCANIQUE.

La Mécanique est communément définie : *La Science du mouvement*. Sous cette formule un peu vague, il faut entendre que la Mécanique se propose de rechercher les relations qui existent entre les mouvements des corps et les causes qui les produisent. Elle aboutit finalement à mesurer les causes par leurs effets et les effets par leurs causes.

On a coutume de diviser la Mécanique en deux branches d'importance fort inégale : la Cinématique et la Dynamique. Dans la première, assez artificielle, on considère le mouvement en lui-même, abstraction faite de ses causes. Dans la seconde, on restitue au problème son élément essentiel, qui en est inséparable dans la réalité, à savoir la cause du mouvement observé.

Même du point de vue restreint de la Cinématique, l'idée du mouvement n'est pas simple. Elle en implique trois autres : celles d'*espace*, de *temps* et de *fonction* ou relation entre les positions successives et les durées écoulées.

ESPACE.

Malgré le rôle immense que cette notion joue en Mécanique, on ne saurait prétendre qu'elle lui soit exclusive ni qu'elle en procède. Lors même que tous les corps de l'Univers resteraient immobiles, ils n'en feraient pas moins naître, en nous, par leur étendue et leurs distances mutuelles, l'idée d'un espace indéfini dans lequel ils seraient situés. Que cette idée, d'ailleurs, soit objective, comme il le paraît au vulgaire, ou qu'elle soit subjective, comme le pensent d'éminents philosophes, le géomètre n'en a pas souci. Il s'abstient de prendre part à la controverse et il institue ses calculs comme si l'espace était une quantité distincte des corps, susceptible d'offrir toutes les nuances de grandeur. Il voit en lui,

. pour le besoin de ses formules, le contenant
de toutes choses et il n'en rattache la notion
à aucune science en particulier. En tout cas, ce
serait plutôt la Géométrie que la Mécanique qui
aurait le droit de revendiquer la propriété de ce
concept ou du moins le mérite de son emploi
méthodique.

TEMPS.

Des réflexions analogues peuvent être faites au
sujet du temps. L'idée dépasse les phénomènes
de mouvement et en est indépendante. Tout changement, quelle qu'en soit la nature, la variation
de température, d'éclat, de couleur, la succession
de nos propres pensées suggère la notion du
temps, aussi bien que le transport d'un corps à
travers l'espace. C'est par un ensemble d'impressions et non pas seulement par la vue des
phénomènes mécaniques que nous sommes amenés à concevoir une durée indéfinie le long de
laquelle les faits successifs s'échelonnent.

Mais si les phénomènes de mouvement ne
sont pas seuls à suggérer l'idée du temps, ils
contribuent singulièrement à l'éclairer. Ils fournissent le moyen de le mesurer, d'en comparer
les diverses portions. Dès la plus haute antiquité,

le retour du Soleil au méridien a servi à définir le jour. L'observation de mouvements moins importants, tels que l'écoulement d'une certaine quantité d'eau ou de sable, permettait de subdiviser le jour et d'apprécier les durées moindres. Aujourd'hui, toutes les durées sont figurées à nos yeux soit par des évolutions astronomiques, soit par la marche des aiguilles d'un chronomètre. Ce dernier procédé n'a pas peu contribué à nous faire établir une sorte de lien entre le mouvement et le temps, je dirai plus, à nous faire voir le temps sous l'aspect d'un mouvement.

RAPPORT DE L'ESPACE AU TEMPS OU VITESSE.

Tout mouvement implique une relation entre les positions successives du mobile dans l'espace et les époques correspondantes, par conséquent entre les variations de l'étendue et les variations de la durée. C'est là une vue propre à la Mécanique et l'origine d'un concept qui lui appartient.

Cette relation nécessaire prend, en certains cas, une forme très simple qui s'adapte merveilleusement au tour de notre esprit. Supposons en effet que le mobile parcoure une ligne droite, dans des conditions telles que les longueurs franchies pendant des temps égaux soient égales. La relation générale n'est plus ici qu'un rapport constant entre l'espace parcouru et le temps écoulé. Tous les mouvements similaires, qualifiés indistinctement d'*uniformes*, se différencieront les uns des autres par la grandeur de ce rapport ou par la longueur parcourue pendant l'unité de temps. Ce rapport ou cette longueur, qui nous sert à comparer les mouvements uniformes, à les classer, devient à nos yeux un objet *sui generis* indécomposable : il a reçu le nom de *vitesse*.

Cette notion ne tarde pas à s'élargir et nous sommes portés à l'étendre aux mouvements non uniformes. Même si les portions de ligne droite parcourues pendant des temps égaux ne sont pas égales, nous sentons néanmoins qu'il existe en chaque point une vitesse. Nous ne savons peut-être pas la déterminer, mais nous comprenons qu'elle différencie tout de même le mouvement aux divers points de la droite. Enfin, en dehors de tout calcul effectif, nous nous rendons compte qu'en un point donné le rapport de la longueur parcourue au temps employé se rapproche d'autant plus de cette vitesse idéale que la longueur et le temps sont plus petits, parce que la variation du mouvement exerce alors très peu d'influence. Nous concluons qu'à la limite, si la longueur et le temps sont infiniment petits, la vitesse idéale sera rigoureusement obtenue. Elle aura pour valeur la *dérivée* de la fonction qui exprime la longueur au moyen du temps.

Du mouvement rectiligne varié on passe aisément au mouvement curviligne varié. La notion de vitesse et le moyen de la déterminer ne changent pas. Car au moment même où la longueur parcourue sur la courbe devient infiniment petite, elle ne se distingue plus d'un élément rectiligne et la vitesse sur la courbe se confond avec la vitesse sur la tangente. La vitesse du mouvement curviligne ou vitesse *tangentielle*, en chaque point, s'obtient donc en prenant la dérivée, par rapport au temps, de la fonction qui représente l'arc de courbe. Les difficultés du calcul deviennent naturellement plus grandes; mais la netteté de la notion n'en est pas altérée.

La qualification d'uniforme est réservée au mouvement qui se poursuit en ligne droite et avec une vitesse constante. Dès que l'une de ces deux conditions fait défaut, l'uniformité ne subsiste plus. Toutefois il est un cas où, malgré le changement de direction, le mouvement est encore qualifié d'uniforme : c'est le cas du mouvement circulaire. Les arcs parcourus dans des temps égaux ont même courbure et même longueur; ils peuvent se superposer. Cette particularité, qui ne se rencontre pas dans les autres mouvements curvilignes, justifie une dérogation au langage. Aussi dit-on couramment que la rotation du mobile autour du centre ou la rotation du corps solide autour d'un axe fixe, avec une vitesse constante, est uniforme.

On pourrait soutenir, à la rigueur, que l'idée de vitesse n'est pas exclusivement liée aux phénomènes mécaniques et que, par exemple, quand un corps se refroidit ou diminue d'éclat, quand un changement quelconque attire nos regards, nous concevons quelque chose d'analogue à la vitesse, pour exprimer le degré de rapidité des phases observées. Mais la précision et la clarté laissent ici beaucoup à désirer, et c'est pousser la logique trop loin que de ne pas rattacher le concept à la Mécanique.

Accélération. — L'idée de vitesse est appliquée à la vitesse elle-même, et l'on a ainsi la possibilité d'apprécier la manière dont la vitesse varie entre deux points du parcours. Le rapport-limite de l'accroissement de la vitesse à l'accroissement du temps désigne la vitesse de variation de la vitesse ou ce qu'on est convenu de nommer l'*accélération*.

Le mouvement est *uniformément accéléré* si l'accroissement de la vitesse est uniforme ou si l'accélération est constante. Il serait *uniformément retardé* si l'accélération constante était négative, ou si la diminution de la vitesse était uniforme.

On pourrait appliquer encore l'idée de vitesse à l'accélération et définir l'accélération uniformément croissante ou décroissante. Mais ces sortes de formules ne représentent rien de simple à l'esprit et restent à l'état de pures expressions analytiques.

REMARQUE SUR LA DÉFINITION DU MOUVEMENT.

Certains auteurs ont soulevé la question suivante : « Qu'est-ce que le mouvement en soi? Qu'est-ce qui permet d'affirmer qu'un corps change de position dans l'espace? A quel signe distingue-t-on, dans l'espace absolu, identique en toutes ses parties, un corps en mouvement d'un corps en repos? En réalité, il n'y a que des déplacements de corps les uns par rapport aux autres ou des mouvements *relatifs*. Il n'y a pas de mouvement absolu. »

Cette thèse repose sur un malentendu, dont on pourrait citer plus d'un exemple, et qui tient à la confusion établie entre la possibilité de concevoir et la possibilité de réaliser. Assurément nous n'avons pas le moyen de constater le mouvement absolu d'un corps, car il nous faudrait des repères qui nous manquent. Ceux auxquels nous cherchons à nous rattacher, tels que les étoiles dites *fixes*, possèdent un mouvement rapide, qui, pour n'être pas sensible à nos yeux, dans une courte période, n'en modifie pas moins à la longue leurs positions respectives. Rien n'indique si dans tout l'Univers un seul corps échappe à cette incessante mobilité. Ainsi les repères, destinés à faire ressortir un mouvement absolu, se dérobent devant nous. Il est donc permis de dire que nous n'atteignons que des mouvements relatifs.

Mais en quoi cela nous empêche-t-il de concevoir le mouvement absolu? Nous concevons bien, sans les rencontrer dans la Nature, la ligne infinie, la durée infinie et, à l'autre bout de l'échelle, l'infiniment petit et l'atome. La raison ne se choque pas, quand nous imaginons un système d'axes entièrement fixes dans l'espace, auxquels il nous plaît de rapporter des déplacements, qui sont pour notre esprit des déplacements absolus. Rien ne s'oppose ensuite à ce que nous rendions la mobilité à ces axes, et alors le mouvement des corps, sans cesser d'être absolu, devient, par rapport aux axes, relatif. Nous pouvons encore admettre que les corps, outre leur premier mouvement, participent à l'entraînement des axes, en sorte que leur nouveau mouvement absolu sera la combinaison des deux autres, et leur mouvement relatif actuel, par rapport aux axes, sera leur ancien mouvement estimé avec ces mêmes axes, quand ceux-ci étaient fixes dans l'espace. Ces passages de l'absolu au relatif et *vice versa* ne coûtent rien à notre imagination et ils ne font pas violence à la raison. Il est tout aussi légitime de parler des uns que des autres. Proscrire un de ces mouvements, sous prétexte que nous n'en pouvons démontrer la réalité, c'est restreindre arbitrairement l'horizon de la Science.

Je viens d'analyser le mouvement, sans regarder à ses causes, en l'acceptant comme un pur fait géométrique. Le nombre des concepts s'est trouvé dès lors très limité. Mais si nous abandonnons ce terrain trop étroit pour embrasser le vrai domaine de la Mécanique, nous verrons surgir, avec l'idée de cause, plusieurs concepts fort importants, spéciaux à cette Science, et dont l'examen doit nous occuper.

FORCE.

Aucun terme n'a plus prêté que celui de *force* à la controverse et à l'équivoque. Tantôt on refuse à la force toute signification concrète et l'on ne veut voir en elle qu'un symbole analytique, tantôt on accroît démesurément son rôle, au point d'absorber en elle la matière, devenue ainsi un simple *lieu d'action des forces*. Enfin, on emploie le mot avec des acceptions très diverses et dont quelques-unes engendrent la confusion. La première origine de la notion de force se trouve, sans conteste, dans nos impressions personnelles. Bien avant que l'homme eût créé une science des forces et se fût élevé dans la sphère des abstractions, il avait acquis, par sa propre expérience, le sentiment très net d'un effort à déployer pour écarter les obstacles ou pour déplacer les corps. Soit qu'il exerçât une pression sur quelque objet fixe, soit qu'il essayât de vaincre des frottements ou la pesanteur, soit seulement qu'il voulût faire osciller un poids suspendu, il était amené à développer une contraction musculaire, à *faire effort* pour atteindre son but. Tel est l'acte spécial et bien défini par lequel l'homme prend conscience de sa force et des effets qu'il en peut attendre. Aucun argument ne saurait prévaloir contre ce fait; aucune interprétation ne saurait enlever à la force ainsi conçue et ressentie son caractère nettement concret. Elle n'est point une abstraction, un être de raison, mais quelque chose de réel et d'efficace dont nous portons en nous un type certain.

Cette notion d'abord relative à lui-même, l'homme l'a peu à peu généralisée. Il a fini par supposer la force existante partout où il apercevait des effets analogues à ceux que produit son effort musculaire. Dans la locomotive qui remorque un convoi, dans la roue hydraulique qui fait tourner un moulin, dans le ressort comprimé qui se débande, il voit un effort assimilable par ses résultats à celui dont il est l'auteur. Indifférent à la provenance des forces, ne prenant en elles que la capacité d'agir, il les identifie sous le rapport mécanique, il les déclare comparables entre elles. De même que, dans la considération d'une surface ou d'une ligne, il oublie le corps auquel elles pourraient appartenir pour s'occuper uniquement de leurs propriétés géométriques, de même, dans la considération des forces, il néglige volontairement tout ce qui n'est pas l'effort de traction ou de pression qu'elles peuvent exercer. C'est ainsi qu'il en arrive à fonder une science bien différente de la Physique et de la Chimie, où les forces sont étudiées d'après les effets de toute nature qu'elles produisent sur l'état des corps et où l'électricité et l'affinité chimique, par exemple, ne sont pas confondues avec la chaleur et la gravité.

Dans son travail de généralisation, l'esprit humain a dépassé les cas où il était permis de dénoncer l'intervention de quelque agent analogue à l'effort musculaire. Il a voulu donner encore le nom de force aux causes absolument inconnues desquelles nous pouvons dire seulement qu'elles sont productrices de mouvement. Bien plus, le mouvement étant sous nos yeux, nous imaginons des forces capables de le produire, nous en déterminons la valeur d'après cette condition, nous les faisons entrer dans nos formules. En sorte que nous avons devant nous, non pas des forces réelles (du moins nous l'ignorons), mais des forces hypothétiques qui, si elles existaient, détermineraient le mouvement observé. Dans le phénomène qui nous montre le Soleil et la Terre se portant l'un vers l'autre, la cause véritable nous demeure cachée; mais nous calculons la valeur de l'effort réciproque ou de l'attraction qui expliquerait ce mouvement, et cet effort fictif ainsi calculé prend place désormais dans nos spéculations au même titre qu'une force réelle.

\Toutes les forces ou causes de mouvement, connues ou mystérieuses, se trouvent ramenées à un concept unique. Les unes, comme notre effort musculaire, sont déterminées directement par les expériences auxquelles nous pouvons les soumettre; les autres, comme l'attraction universelle, ne le sont que par leurs effets ou, pour mieux dire, par les effets dont nous sommes témoins et que nous leur attribuons. De toutes façons, les unes et les autres sont susceptibles d'être chiffrées et, par suite, comparées. Dès lors une unité de force s'impose.

Cette unité pouvait être définie de bien des manières. On pouvait adopter la pression d'un gaz, la tension d'un ressort, le poids d'un corps, etc. Ce dernier mode, qui est le plus simple, a été préféré. On a choisi comme unité de force le poids d'un décimètre cube d'eau à son maximum de densité; soit à 4°,1. Et comme l'intensité de la pesanteur varie d'un lieu à un autre, à raison de la configuration du globe, on a spécifié que le poids était observé à Paris. Cette unité a reçu le nom de *kilogramme* et c'est à elle, ou à ses multiples et sous-multiples, que toutes les forces sont rapportées.

Le concept de la force comprend trois éléments : 1° l'intensité ou le rapport numérique avec l'unité; 2° le point d'application, c'est-à-dire l'endroit précis du corps où la force agit immédiatement; 3° la direction, ou la ligne droite suivant laquelle l'effort s'exerce et le long de laquelle le corps se mouvrait si aucune influence ne l'en détournait. De même qu'on reconnaît des mouvements uniformes et des mouvements variés, de même on distingue les forces *constantes* et les forces *variables*. Les premières sont celles qui conservent leur intensité et leur direction pendant toute la durée de leur action; les secondes sont celles dont l'intensité ou la direction, ou les deux à la fois, changent continuellement. Cependant on dit quelquefois, notamment dans le mouvement circulaire, qu'une force est constante, quoique sa direction varie, quand sa grandeur reste la même. Dorénavant lorsque j'emploierai le mot « force » sans épithète, et ce sera le cas ordinaire, il demeurera entendu que la force est constante en grandeur et en direction.

On admet comme évidents les principes suivants, qui peuvent d'ailleurs être vérifiés par l'expérience :

1° *Deux forces égales et de sens contraires, appliquées en un même point, se neutralisent réciproquement* ou *se font équilibre ;* et inversement, *deux forces de sens contraires qui se font équilibre en un même point, sont égales numériquement.* L'effort que nous faisons pour maintenir soulevé un décimètre cube d'eau ou un kilogramme est égal à un kilogramme. Le même nom de kilogramme désigne indistinctement l'effort et le poids du litre d'eau soulevé.

2° *Deux forces égales et contraires à une troisième sont égales entre elles et de même sens.* Sont donc égaux deux efforts qui maintiennent soulevés chacun le même nombre de litres d'eau.

3° *Deux forces égales et contraires appliquées en deux points invariablement unis suivant leur direction se font équilibre.* Ce qui revient à dire qu'une force peut être transportée en un point quelconque de sa direction, pourvu que le nouveau point d'application soit invariablement lié au précédent.

4° *Deux forces égales qui agissent sur la même direction s'ajoutent et produisent une force double ;* c'est-à-dire une force capable de maintenir soulevés un nombre double de kilogrammes. En général, une force décuple, centuple d'une autre, peut être considérée comme provenant de la réunion de dix, cent forces égales.

La comparaison des forces est ainsi établie d'une manière *directe,* par les nombres d'unités auxquels chacune d'elles équivaut pour produire le même effet de traction ou de pression. La force se trouve traitée comme toutes les quantités dont s'occupe l'Algèbre ou la Géométrie, qnantités qui se mesurent individuellement par le nombre d'unités de leur espèce qu'elles contiennent. Pareillement, les forces sont censées provenir chacune d'un certain nombre d'unités de force placées bout à bout, dans la même direction.

Ceci d'ailleurs n'est qu'une définition, une vue de l'esprit, dont il n'est pas permis de tirer des conséquences physiques. J'entends par là qu'une force qualifiée double, au sens indiqué, ne produit pas nécessairement un effet mécanique double. Par exemple, rien ne prouve qu'appliquée au même corps, pendant le même temps, elle lui communiquera une vitesse double. Le préjuger serait imiter les anciens qui croyaient trouver dans leur entendement les règles du monde extérieur. La simplicité et la symétrie plaisent à notre esprit, mais elles ne plaisent pas toujours à la Nature, et les lois réelles sont souvent beaucoup plus compliquées que nous ne les avions conçues. De ce qu'une certaine quantité de chaleur élève la température d'une substance d'un certain nombre de degrés, il ne s'ensuit nullement qu'une quantité de chaleur double élèvera la température d'un nombre de degrés double. L'expérience démontre que toute nouvelle addition de chaleur élève d'autant moins la température que celle-ci était déjà plus haute. De même la tension d'un gaz ou d'une vapeur ne s'accroît pas en raison directe de la température ou de la quantité de chaleur. Il aurait donc pu se faire que la vitesse ne fût pas proportionnelle à la grandeur de la force. A coup sûr, nous n'étions pas en droit d'affirmer cette proportionnalité à raison de la définition adoptée.

La comparaison des forces pourrait s'effectuer par voie *indirecte,* c'est-à-dire en appelant précisément force double celle qui communique au même corps une vitesse double. C'est la méthode employée par divers auteurs. Les forces sont considérées par eux comme proportionnelles aux vitesses qu'elles impriment dans les mêmes conditions. Cette définition est tout aussi légitime que la précédente, mais elle est moins claire et surtout elle fait moins image, car nous nous représentons beaucoup mieux un certain nombre de kilogrammes qu'un certain multiple de la vitesse prise pour unité. Mais au point de vue de la rigueur scientifique, elle ne soulève aucune objection, pourvu qu'on y reste fidèle jusqu'à la fin. On n'est du reste aucunement autorisé à conclure de la proportionnalité des vitesses à la proportionnalité des nombres de kilogrammes; les mêmes considérations s'y opposeraient. L'équivalence des deux définitions ne peut résulter que de constatations faites dans l'ordre physique, ainsi que je l'indiquerai à l'occasion de la troisième loi du mouvement.

MASSE.

Le concept de la *masse* est corrélatif de celui de la force. Il surgit simultanément dans notre esprit, au moment même où nous donnons de la vitesse à un corps.

Cet acte de notre initiative, cet effort par lequel nous mouvons les corps, présente le plus souvent deux périodes.

Pendant la première, notre effort augmente graduellement sans qu'aucun résultat apparaisse. Le corps que nous sollicitons demeure immobile, comme s'il développait une résistance supérieure à notre action. Puis tout à coup, après un effort un peu plus grand que le précédent, le corps s'ébranle et dès ce moment, *sans qu'il soit nécessaire d'augmenter l'effort davantage,* le mouvement s'accélère, autant que le permet le jeu de nos propres organes. La première de ces deux périodes peut être très courte, et c'est pourquoi un observateur superficiel est tenté de la confondre avec la deuxième; mais avec quelque attention, le doute n'est pas permis : la distinction s'affirme. Nous constatons en outre que l'existence de cette première période tient à la nécessité de vaincre certains obstacles extérieurs qui s'opposaient au déplacement du corps. Si, par exemple, nous avions entrepris de lui faire remonter un plan incliné, nous devions, préalablement à tout déplacement effectif, neutraliser deux résistances : le frottement et la pesanteur. Aussitôt ces résistances dominées, le mouvement s'engage et continue pour ainsi dire de lui-même, sans exiger, je l'ai dit, un surcroît d'effort.

La décomposition du phénomène peut être mise en évidence et celui-ci réduit à la seconde période seulement, quand on opère sur un corps débarrassé de tout obstacle extérieur ou entièrement libre. Supposons que nous voulions faire rouler une sphère métallique sur une glace horizontale parfaitement polie, ou mieux encore dévier de sa position verticale un corps suspendu à l'extrémité d'un fil délié. Au moment où le corps quitte la verticale, l'action de la pesanteur est insensible, et, quant au frottement, il est nul.

Or qu'observons-nous, à cet instant précis où le corps est vraiment libre et ne réagit que par lui-même? Nous observons deux choses : la première, c'est que le moindre effort suffit à déterminer un déplacement; *le corps est absolument mobile;* la seconde, c'est que le déplacement est d'autant moindre que le corps est plus considérable : une pierre de taille est plus difficile à déplacer qu'un caillou, un décimètre cube de plomb est plus difficile à dévier qu'un décimètre cube de bois. Ainsi le corps a une double propriété : la *mobilité*, en vertu de laquelle, s'il est libre, il cède au moindre effort; et cette autre propriété, d'après laquelle il réclame des efforts différents, selon sa nature et ses dimensions, pour prendre le même mouvement. Cette seconde propriété est déterminée par ce qu'on appelle la *masse*. Ainsi la masse des corps se reconnaît à la grandeur des forces qui leur font prendre le même mouvement.

Si donc nous avions le moyen d'évaluer immédiatement l'intensité de la force ou le nombre de kilogrammes nécessaires pour imprimer à un corps un mouvement convenu, nous saurions par là même mesurer sa masse. D'une manière géné-

rale, les masses de tous les corps seraient proportionnelles aux grandeurs des forces ainsi
enregistrées.

Mais un tel moyen, on s'en rend compte, doit
faire défaut pratiquement, surtout pour les très
grandes et les très petites masses. Comment les
soumettre à des forces exactement graduées et
éviter les erreurs dans l'observation du mouvement? La Nature, heureusement, fournit un procédé aussi simple qu'expéditif, qui dispense de
tout appareil mécanique.

Les physiciens ont constaté que tous les corps
sans exception, depuis le plus léger duvet jusqu'au bloc de plomb ou de platine, abandonnés
à eux-mêmes dans le vide, prennent le même
mouvement : partis en même temps de la même
hauteur, ils arrivent ensemble au bas de la
chute. Les forces qui les sollicitent, c'est-à-dire
leurs poids, sont donc, par définition, proportionnelles à leurs masses. Dès lors, au lieu de
mouvoir les corps, à l'aide d'appareils spéciaux,
pour en évaluer la masse, il suffit de les peser.

Cette solution élégante de la difficulté ne pouvait être prévue. Qu'est-ce qui permettait, en
effet, de supposer que la masse d'un corps est
proportionnelle à son poids? Quel rapport néces-

saire existe-il entre ces deux éléments? La masse, c'est le plus ou moins d'effort que réclame le corps pour acquérir un mouvement déterminé; le poids, c'est le plus ou moins d'attraction exercé sur lui par le globe terrestre. On n'aperçoit pas le lien entre les deux phénomènes. Pourquoi un corps puissamment attiré ne serait-il pas en même temps très facile à mouvoir? Pareille opposition ne se rencontre-t-elle pas dans d'autres circonstances? Par exemple, les corps les plus lourds sont, en général, les plus échauffables. De même le fer, plus léger que le platine, est beaucoup plus attiré que lui par un aimant. La cohésion, l'affinité chimique, au lieu d'être en raison des masses, varient énormément avec la nature des substances. Seul, le phénomène de la gravitation s'est montré en exacte concordance avec la masse, et il y avait, semble-t-il, des milliers de chances pour qu'une pareille coïncidence ne se vérifiât pas. Il faut toute l'habitude que nous en avons prise, soit par la connaissance des lois de l'Astronomie, soit par le maniement journalier des corps, pour que nous l'enregistrions sans un sentiment de surprise et d'admiration (¹).

(¹) Plus on médite sur les effets de la gravitation univer-

La masse et le poids apparaissent à l'esprit avec un caractère bien différent. La première est un apanage nécessaire de la matière, ou du moins nous ne concevons pas une matière dont la mise en mouvement n'exigerait aucun effort ou qui serait dépourvue de masse. Au contraire, nous concevons parfaitement un corps dépourvu de poids. Il suffirait de le transporter à une certaine distance entre la Terre et la Lune pour que l'attraction de ces deux astres sur lui se balançât et

---

selle, moins on s'explique sa proportionnalité aux masses. Si la gravitation procédait de la matière elle-même, en était pour ainsi dire une émanation directe, on comprendrait jusqu'à un certain point qu'elle fût proportionnée à la masse. Mais alors elle devrait, semble-t-il, s'affaiblir peu à peu avec le temps, comme les radiations calorifiques et lumineuses qui s'éteignent progressivement. Dans les corps de petites dimensions, elle devrait même avoir disparu. Or les astronomes ne constatent, depuis les temps historiques, aucune diminution de la gravitation dans les astres de volume réduit, comme la Lune, dont les radiations calorifiques sont devenues à peu près nulles. Si, au contraire, la gravitation résulte de quelque action extérieure aux corps, qui les pousserait les uns vers les autres à la manière d'un fluide dans lequel ils se trouveraient plongés, elle devrait être sensiblement proportionnelle à la surface des corps, ou à leur volume, si l'on suppose le fluide assez subtil pour pénétrer dans toute leur profondeur. Mais elle ne serait pas, dans cette hypothèse, en rapport avec la masse. De toutes façons, le mystère de la proportionnalité reste inexpliqué.

pour qu'il n'eût aucun poids sensible. Et cependant, la force qui le mouvrait, l'intensité du ressort qui lui donnerait la même impulsion, resteraient identiquement les mêmes. La masse du corps ne varierait pas.

Imaginons un observateur se transportant successivement à la surface des différents astres de notre système solaire; il constaterait qu'à la surface de Jupiter le litre d'eau pèse deux fois et un quart autant qu'à la surface de notre globe; qu'à la surface de la Lune il pèse six fois moins et à la surface du Soleil vingt-sept fois davantage. Par conséquent, les habitants de ces astres, s'il en existe et s'ils s'adonnent comme nous à la Physique mathématique, doivent recevoir des impressions fort inégales de la gravitation universelle. Entre l'habitant de la Lune et l'habitant du Soleil, l'impression, relativement au poids du litre d'eau, varierait dans le rapport de 1 à 162. Néanmoins l'un et l'autre auraient la même impression de la masse; car l'un et l'autre constateraient que la détente du même ressort est nécessaire pour communiquer la même impulsion au même litre d'eau. Le philosophe qui porterait sur ces faits un jugement d'ensemble dirait que chez les habitants de tous les corps célestes le sentiment de la masse est uniforme et absolu, tandis que le sentiment sur les effets de la pesanteur est variable et relatif.

Quelques géomètres, et même des plus éminents, reprochent précisément à cette notion de la masse d'être liée à celle de la force ; ils voudraient une définition directe, indépendante. « On appelle masse d'un corps, dit Poisson, la quantité de matière dont il est composé. » Mais que doit-on entendre par « quantité de matière » ? Nous nous faisons une juste idée des quantités *relatives* de matière contenues dans des corps de même nature. Nous comprenons sans peine que deux litres d'eau contiennent deux fois autant de matière qu'un seul, et que cinq litres de mercure contiennent cinq fois autant de matière qu'un seul. D'une façon générale, les quantités contenues dans des corps de même nature sont proportionnelles à leurs volumes. Mais comment effectuer la comparaison, si les corps sont de nature différente ? Quel rapport peut-il y avoir entre la quantité de matière contenue dans un décimètre cube d'eau et la quantité de matière contenue dans un décimètre cube de mercure, dans un décimètre cube de plomb ou un décimètre cube de platine? Nous savons une seule chose : le litre d'eau est plus facile à mouvoir que le litre de mercure, il exige moins de force. Or cela, c'est la relation même entre la force et la masse. Il faut donc en revenir à l'expérience préalable qui l'établit, c'est-à-dire à la définition précédente.

Pour tourner la difficulté, les mêmes géomètres imaginent un « point matériel » semblable dans tous les corps; les quantités de matière sont alors définies par les nombres de ces points fictifs que les corps, de l'espèce la plus diverse, sont censés contenir. « Un point matériel, dit Poisson, est un corps infiniment petit dans toutes ses dimensions.... On peut regarder un corps de dimensions finies comme un assemblage d'une infinité de points matériels, et sa masse comme la somme de toutes leurs masses infiniment petites. » — « La masse d'un corps, dit Laplace, est la somme de ses points matériels.... La densité d'un corps dépend du nombre de ses points matériels renfermés sous un volume donné. » Mais ce procédé ne fait pas disparaître l'objection. On est toujours en droit de demander : Qu'est-ce que la masse d'un point matériel? Et pourquoi y a-t-il

plus de points matériels dans un litre de mercure que dans un litre d'eau? La question reste
sans réponse (¹).

Capacités dynamiques. — Si l'on considère
les corps sous le même volume, leur masse ne
dépend que de leur nature chimique ou de l'espèce de matière qu'ils contiennent. Le litre d'eau
exigeant, je suppose, une force égale à 1 pour
être mis en mouvement, les décimètres cubes de

(¹) Il est licite, au point de vue géométrique, d'imaginer
un corps d'assez petites dimensions pour que la différence
des trajectoires de ses diverses parties puisse être négligée.
Rien n'interdit d'appeler un tel corps « point matériel ».
Mais cette appellation ne doit pas franchir le domaine
de l'abstrait. Elle est sans portée sur le réel. Dans le
monde physique, il n'y a que des corps finis, et des atomes
ou éléments primordiaux dont nous ignorons absolument les
masses et les dimensions. Nous sommes incapables de dire
— jusqu'à présent du moins — si l'élément primordial d'un
corps est plus ou moins dense que l'élément primordial d'un
autre corps. Nous savons uniquement, pour l'avoir directement constaté, que des volumes, aussi réduits qu'on veut, de
plomb et de platine exigent des forces inégales pour prendre
le même mouvement, et ont, par conséquent, des masses différentes. La définition de la masse par le nombre des « points
matériels » ne serait légitime que si la Chimie parvenait à
démontrer que la nature de tous les corps est identique et qu'il n'y a que des groupements d'un seul et même
atome.

plomb, de mercure, de platine, exigent respectivement, pour prendre le même mouvement, des forces représentées par $11\frac{1}{2}$, $13\frac{1}{2}$, $21\frac{1}{2}$ (j'arrondis les chiffres). On peut dire que ces diverses substances n'ont pas la même *capacité dynamique* ([1]).

C'est un phénomène analogue à celui que les physiciens désignent sous le nom de capacité calorifique. On sait que les corps, sous le même volume ou pour le même poids, n'absorbent pas la même quantité de chaleur pour acquérir la même élévation de température. Les tables de capacité calorifique, dressées à leur sujet, sont des plus intéressantes ; elles dénotent de très fortes inégalités entre les substances et, ce qui est remarquable, les corps ayant les plus hautes capacités calorifiques ne sont pas ceux qui possèdent les plus grandes capacités dynamiques. Le contraire se rencontre souvent : le mercure, par exemple, dont la capacité dynamique est de $13\frac{1}{2}$, n'a qu'une capacité calorifique de $\frac{1}{30}$ environ. Ce genre de contraste ne doit pas surprendre ; car, pas plus qu'entre le poids et la

---

[1] C'est le terme que j'ai proposé dans un Mémoire lu à l'Académie des Sciences, le 14 décembre 1887.

masse, on n'aperçoit de lien nécessaire entre les vibrations calorifiques ou le phénomène quelconque désigné sous ce nom et le plus ou moins de facilité que nous trouvons à déplacer les diverses substances.

Les physiciens ont depuis longtemps remarqué, mais d'un autre point de vue, le phénomène des capacités dynamiques, qu'ils ont appelées densités. Ils ont exprimé par là que les corps, sous le même volume, ont des poids différents, ce qui revient à dire qu'ils ont des masses différentes, puisque les masses sont proportionnelles aux poids. Mais le terme de densité n'est peut-être pas bien choisi, car il semble indiquer que la matière est plus *serrée* dans un corps que dans un autre. Or qu'en savons-nous? Ne se pourrait-il pas que le nombre des éléments indivisibles fût le même, dans l'eau et le mercure, et que le volume de ces éléments fût aussi le même? Ou encore, que le nombre des éléments différât et que leur volume individuel fût en raison inverse de ce nombre? Dans l'un et l'autre cas, le rapport du plein au vide serait le même et l'on ne voit pas dès lors ce qui autoriserait à prétendre que la matière du mercure est plus serrée, plus dense que celle de l'eau. La dénomination de poids spécifique, employée également par les physiciens pour désigner la densité, est beaucoup mieux appropriée.

La mobilité des corps ou leur facilité à prendre du mouvement est en raison inverse de la capacité dynamique. La mobilité de l'eau étant adoptée comme unité, la mobilité du plomb, du mercure, du platine sera représentée par $\frac{1}{11,5}$, $\frac{1}{13,5}$, $\frac{1}{21,5}$. Elle est très faible pour les corps très pesants et se trouve ainsi plus en harmonie avec la capacité calorifique, sans qu'on puisse d'ailleurs rien conclure de ce rapprochement.

Les expériences faites en divers lieux du globe et, dans le même lieu, suivant diverses directions, montrent que la même impulsion communique toujours au même corps le même mouvement. Cependant, chaque fois le corps s'offre dans des conditions différentes. La vitesse dont il est animé, par suite de la rotation du globe, diminue à mesure qu'on s'éloigne de l'équateur; en outre, elle se combine fort inégalement avec la vitesse procurée par l'impulsion, selon que celle-ci est dirigée dans le sens du méridien ou selon qu'elle est dirigée dans un sens perpendiculaire. Ces circonstances n'ayant pas d'influence sur la

vitesse due à l'impulsion ou sur la vitesse ob-
servée, on peut dire dès lors que *la capacité
dynamique des corps est constante.* Elle est
indépendante de leur état de repos ou de mouvement.

Les capacités calorifiques suivent un tout
autre régime. La capacité d'un corps n'est pas
indépendante de son état thermique. Sauf chez
les gaz qualifiés de parfaits ou fort éloignés de
leur point de liquéfaction, la capacité calorifique
se modifie quand on opère dans des limites de
température assez larges et qu'on approche du
changement d'état des corps, ou de leur passage
de l'état solide à l'état soit liquide, soit gazeux.
En Mécanique rien de pareil ne justifierait la
modification de la capacité dynamique. Il n'y a
pas de « changement d'état ». Les plus grandes
vitesses relevées ne paraissent produire aucune
altération dans les conditions physiques et chimiques des corps. Ils se comportent, à ce point
de vue, comme les gaz parfaits au point de vue
calorifique.

Si l'on analyse le phénomène par lequel la
force imprime la vitesse à la masse, on constate
que la notion de force se complique d'un autre

élément : la continuité de l'action ou la répétition de l'impulsion première. La force en soi, la force tout court, si j'ose parler ainsi, est improductive : elle tend à donner le mouvement, mais elle n'y réussit que si elle persiste, si elle s'attache à la masse et la suit tout au moins au début de son déplacement. Que serait l'effet d'une force qui n'agirait qu'une fois, par une impulsion indivisible? Rien de saisissable et de réel. Le mouvement ne s'engendre que par la succession des impulsions, la prolongation de l'effort (¹). De là un nouveau concept, plus complexe, dû à la combinaison de l'idée de force avec l'idée de continuité d'action. Ce concept lui-même revêt un double aspect, selon que la continuité est liée, dans notre esprit, au temps ou à l'espace.

Car nous pouvons, avec une égale facilité, imaginer que la force déroule son action sur un certain parcours ou pendant une certaine durée.

(¹) Cette prolongation n'est pas toujours clairement aperçue, et l'on serait parfois tenté de croire que l'impulsion de la force a été unique. Dans une percussion brusque ou dans une explosion, l'action développée nous semble indivisible. Mais ce n'est qu'une illusion et l'on est parvenu à mesurer la durée ainsi que le parcours d'une telle action.

Voici, par exemple, un corps qui tombe librement en vertu de son poids. Nous envisageons indifféremment l'action de la gravité pendant une seconde ou sur un mètre de chute. Dans le premier cas l'idée de force est associée à l'idée de temps, et dans le second cas à l'idée d'espace. Et comme les deux concepts de temps et d'espace sont irréductibles entre eux, les deux concepts mécaniques qui leur correspondent sont essentiellement distincts. C'est pourquoi chacun a son appellation : le premier se nomme *quantité d'action* et le second *travail*. Remarquons tout de suite que la première appellation est fâcheuse, car l'un et l'autre concepts sont « quantité d'action » au même titre. Le choix de ce terme trop général tient à ce que le concept relatif au temps est le premier en date; l'attention ne s'était pas encore portée sur le second, en sorte que l'amphibologie n'existait pas. Quand le concept relatif à l'espace s'est, à son tour, installé dans la Science pour y jouer le grand rôle que l'on sait, on aurait dû revenir sur le nom déjà adopté. Mais l'habitude était prise et s'est maintenue. Remarquons aussi, ce qui a plus d'intérêt, que les opérations impliquées sous les deux concepts aboutissent, nonobstant la diversité du point de vue, à un seul et même résultat, à savoir : la masse en mouvement ou la masse douée de vitesse. Ce troisième concept, que je nommerai *masse vive*, par opposition à la masse au repos ou masse *morte* (de même qu'on dit : eaux vives, eaux mortes), est donc la conclusion des deux autres; c'est en lui que se résoud l'action continuée de la force, soit qu'il nous plaise de la rapporter au temps, soit qu'il nous plaise de la rapporter à l'espace.

Pour faciliter l'exposé, j'admettrai, non seulement que la force est constante en grandeur et en direction, mais qu'elle agit dans le sens même du mouvement. Le fait se produit toutes les fois que la force prend le corps au repos et que celui-ci est débarrassé de tout obstacle; le mouvement s'engage alors et se poursuit dans la direction de la force.

QUANTITÉ D'ACTION.

L'association de l'idée de force avec l'idée de temps procède d'une tendance générale de notre esprit qui nous porte à croire que les effets d'une cause s'accumulent pendant la durée de son action et que le résultat final en représente le total numérique. Si donc la puissance est constante en intensité, le résultat nous semble devoir être proportionnel au temps écoulé.

A vrai dire, les choses ne se passent pas toujours ainsi dans la Nature. En bien des cas, la puissance étant constante, l'effet observé n'augmente pas uniformément avec la durée. Au contraire, la progression se ralentit par degrés et finit même par s'arrêter tout à fait, comme si le résultat déjà acquis constituait un obtacle à des progrès nouveaux. Ainsi, quand on expose un corps à l'influence d'une source thermique invariable, la chaleur qu'il emmagasine n'est pas en raison directe du temps; elle croît de plus en plus lentement à mesure que l'opération se prolonge. De même la charge d'une batterie électrique ne peut être accrue indéfiniment, malgré une production continue d'électricité à la source. Un cristal qui se forme au sein d'une liqueur saturée n'augmente pas continuellement de grosseur, même si la liqueur est entretenue au point de saturation voulu. Sans doute ces faits s'expliquent par des causes accessoires qui viennent contrarier l'action de la puissance. Mais quand on analyse un phénomène on n'est jamais sûr de tout connaître, et par conséquent on ne peut pas affirmer à l'avance que, les causes dites accessoires étant écartées, la proportionnalité du résultat au temps se vérifierait exactement. Il semble plutôt qu'il existe des limites cachées que la Nature se refuse à dépasser.

La production de la vitesse cependant fait exception. L'accumulation des effets s'y poursuit indéfiniment et la vitesse procurée à un corps par une force constante augmente toujours en raison de la durée. C'est ce que nous apprend la troisième loi générale du mouvement. Aussi dit-on que la « quantité d'action » développée par la force est proportionnelle au temps écoulé. D'autre part, en vertu de la même loi, la quantité d'action est proportionnelle à la grandeur de la force. Une force double, triple, développe dans le même temps une action double, triple. La quantité d'action est donc proportionnelle au produit de la force par la durée. Elle lui est égale, si l'on convient de prendre pour unité d'action le produit de l'unité de force par l'unité de temps, c'est-à-dire l'action exercée par une force égale à 1 kilogramme, pendant une seconde. Cette « unité d'action » ne joue pas d'ailleurs un grand rôle par elle-même, et l'on n'a pas souvent l'occasion de l'envisager directement. Qu'il nous suffise de retenir l'expression numérique de la quantité d'action, dont l'emploi est perpétuel en Mécanique.

Il en est de ce concept comme de celui de la vitesse. Il est plus général que les phénomènes de mouvement, puisqu'il surgit en toute circonstance où une cause quelconque engendre un effet physique par la durée de son action. Mais l'exacte proportionnalité, au delà de toute limite, ne s'observant qu'en Mécanique, le concept acquiert dans cette Science un degré de clarté qu'il n'atteint en nulle autre. C'est pourquoi il convient de l'y rattacher spécialement, ainsi que nous avons dû faire pour le concept de la vitesse.

Si l'intensité de la force variait avec le temps, l'expression numérique de la quantité d'action se compliquerait, mais l'idée essentielle serait toujours la même. Il faudrait alors concevoir, suivant la méthode de l'Analyse infinitésimale, que la quantité d'action, au bout d'un temps donné, est la somme des actions ou impulsions élémentaires ayant pour expression à tout instant la valeur actuelle de la force multipliée par une durée infiniment petite. Et si de plus la direction de la force variait aussi, si elle n'agissait pas dans le sens du mouvement, ces impulsions élémentaires seraient formées à tout moment non avec la force elle-même, mais avec sa projection sur la direction actuelle de la vitesse.

La quantité d'action est, par nature, indépendante du chemin parcouru. Que certains obstacles, par exemple, viennent à gêner la marche du mobile, le parcours s'en ressentira, mais la quantité d'action restera la même. On peut imaginer un mobile dont le déplacement serait à peine appréciable et qui absorberait cependant autant d'action que tel autre mobile dont le parcours, dans le même temps, serait très considérable.

Deux quantités d'action sont égales ou, plus correctement, sont équivalentes, quand les deux produits de la force par la durée sont égaux, c'est-à-dire quand les forces sont en raison inverse des durées. Mais cette définition, toute algébrique, n'implique rien quant aux effets physiques que ces quantités d'action sont susceptibles de procurer. Évidemment deux quantités d'action identiques, formées avec des forces et des durées égales, impriment la même vitesse à des masses égales. Mais qu'advient-il si, chez l'une, la force augmente et que la durée diminue en proportion? Pouvons-nous, grâce à l'égalité numérique des produits, affirmer encore que la vitesse sera la même? Nous n'y sommes point autorisés. La logique n'indique point si une quantité d'action à force double imprime une vitesse double, ni si une quantité d'action à durée moitié imprime une vitesse moitié. On peut le présumer, mais l'expérience seule l'établit. La situation est ici semblable à celle qui s'est révélée pour les forces définies doubles, triples, par la superposition ou l'adjonction de deux, trois forces égales.

Nous ferons la même remarque sur les multiples et sous-multiples d'une quantité d'action. Une quantité d'action double, c'est-à-dire représentée par un produit numérique double, ne détermine pas nécessairement une vitesse double. Il paraît évident qu'elle imprimera une vitesse plus grande; mais c'est tout.

TRAVAIL.

Si le concept de la quantité d'action — ou de la cause qui dure — est d'ordre général et s'adapte aux phénomènes de toute nature, le concept du « travail » — ou de la force qui se déplace — est spécial aux phénomènes mécaniques. Mais en revanche sa clarté est plus grande et il nous devient ainsi plus familier. Tandis que le premier est une vue de l'esprit, le second est accessible aux sens, il fait image. Nous discernons nettement l'agent qui progresse; la longueur du chemin parcouru nous donne la représentation du travail accompli. Les deux concepts participent respectivement aux caractères du temps et de l'espace qui entrent dans leur composition. Les opérations qui leur correspondent se confondent d'ailleurs, physiquement, en une seule. Le mouvement du corps implique aussi bien la quantité d'action que le travail. C'est le tour de notre esprit qui nous amène à les séparer.

Le concept du travail se relie aux phénomènes les plus imposants comme les plus vulgaires que nous offre le spectacle de la Nature. Dans l'évolution de la planète autour du Soleil, dans la pierre qui tombe sur le sol, que voyons-nous sinon une force qui accompagne le corps, et qui tantôt l'accélère, tantôt le ralentit? Au sein de la matière, quand les molécules se rapprochent sous l'influence de la cohésion ou de l'affinité chimique, que voyons-nous encore, sinon des forces effectuant des parcours, très petits à la vérité, mais proportionnés à la dimension des éléments en jeu? L'idée de la quantité d'action disparaît et nous oublions volontiers le temps qui cependant intervient toujours.

Par une remarquable coïncidence, ce concept se trouve en harmonie avec la plupart des opérations auxquelles l'homme s'adonne pour la satisfaction de ses besoins matériels. Nous sommes entourés de résistances à vaincre. Nous transportons les corps, nous les soulevons, nous les divisons, nous abattons les rochers, nous perçons les montagnes, nous comprimons l'air, les gaz; partout ce sont des forces à surmonter le long de certains parcours. Et, dès lors, ce sont des forces égales, sinon supérieures, que nous avons nous-mêmes à faire agir sur les mêmes parcours. Dans le langage industriel, l'opération consistant soit dans le développement de la force active, soit dans le refoulement de la résistance, s'appelle indistinctement travail; et c'est même par là que le mot s'est introduit dans la Science.

Le travail est donc pour le géomètre un objet *sui generis*, comme la force, la masse, la vitesse.

Il est susceptible de comparaison et de mesure. Tout d'abord il est proportionnel à la résistance à vaincre ou à la force employée. Nous avons bien le droit d'appeler travail double, triple, le travail qui, toutes choses égales d'ailleurs, met en jeu une force double, triple. En second lieu le travail est proportionnel au parcours. Car vaincre ou opposer la force sur un parcours double, triple, c'est faire deux, trois fois le même travail. Finalement le travail est à la fois proportionnel à la grandeur de la force et à la longueur du parcours. Il est égal au produit de ces deux dernières quantités multiplié par une constante. La constante disparaît si l'on fait un choix convenable d'unités, si l'on décide de prendre pour unité de travail le produit de l'unité de force par l'unité de longueur, ou 1 kilogramme agissant le long de 1 mètre. Cette unité de travail a reçu le nom de *kilogrammètre*, mot formé par la contraction des deux autres.

Tous les travaux s'évaluent par le nombre de kilogrammètres qu'ils contiennent, de même que les forces s'évaluent en kilogrammes. Ce nombre de kilogrammètres est le produit même de la valeur numérique de la force (en kilogrammes) par la valeur numérique du parcours (en mètres).

D'après cette définition, deux travaux dont les forces sont en raison inverse des parcours sont numériquement égaux. Suivant une expression courante, « on perd en force ce qu'on gagne en parcours ». Cette manière d'envisager l'équivalence des travaux est d'accord avec les conditions de notre industrie. Deux travaux entraînent en général la même dépense, si les forces sont en raison inverse des parcours. Remorquer 100 tonnes sur un chemin de fer, à 200 kilomètres, coûte le même prix que remorquer 200 tonnes à 100 kilomètres. La dépense d'eau sur une roue hydraulique est exactement la même si la roue fait deux fois plus de tours et si la surface des aubes ou la pression est moitié moindre.

Le mot de *travail* désignant à la fois la force employée pour atteindre un résultat, et ce résultat lui-même, on prévient la confusion en disant : travail *moteur* et travail *résistant*, ce qui signifie : travail dépensé et travail opéré. Le qualificatif « résistant » est pris dans le sens le plus large ; il désigne non seulement la résistance proprement dite qu'on avait en vue de vaincre, mais encore les résistances accessoires de tout genre qui l'accompagnent. Quand on élève un poids à une certaine hauteur, on ne se borne pas à vaincre la pesanteur, ce qui est le résultat utile, recherché; mais on doit surmonter les frottements, les chocs, la raideur des courroies, bref l'ensemble des résistances *passives*. Ces deux sortes de travaux, si distincts quant au but que nous nous proposons, ont reçu les noms de travail *utile* et de travail *perdu*. Mais le géomètre n'entre pas dans ces considérations : pour lui, le travail résistant est le travail dû à la résistance totale, quelles qu'en soient la nature et la provenance.

Dans l'industrie le travail moteur est employé en entier à vaincre des résistances. Sauf dans la balistique, où l'on se préoccupe de donner au corps percutant une grande vitesse, on ne vise pas, sinon au début de l'opération, à accélérer le mouvement des corps : une fois le régime normal établi, on s'attache uniquement à le maintenir et tout le travail est absorbé dans les résistances. Ainsi un train de chemin de fer ne s'accélère qu'au départ, mais pendant le trajet jusqu'à la station suivante, la vapeur se consomme pour surmonter la pesanteur (si l'on gravit une pente), pour triompher des frottements, des chocs, de la résistance de l'air, etc.

Il en est de même pour un navire en marche, pour les machines qui fonctionnent dans un atelier. Mais dans la Dynamique générale ce point de vue est secondaire, et il est tout à fait nul en Astronomie. Les corps célestes ne rencontrent pas de résistances à leur mouvement, et il faut dès lors considérer exclusivement les variations de vitesse occasionnées par le travail des forces, tantôt accélératrices, tantôt retardatrices. La relation la plus générale, qui embrasse à la fois la Mécanique industrielle et la Mécanique céleste, consiste à dire que le travail moteur est égal à la somme du travail résistant et du travail employé à changer la vitesse des corps. Comment se calcule cette seconde fraction du travail, d'après les changements de vitesse obtenus? C'est ce que nous verrons bientôt, au paragraphe de la « masse vive ».

Nous renouvellerons ici les remarques déjà faites au sujet de la quantité d'action. L'égalité des travaux n'implique nullement l'égalité des vitesses engendrées, ou du moins la relation ne peut être affirmée *a priori* que si les travaux sont identiques, c'est-à-dire ont mêmes forces et mêmes parcours. Mais si les produits seuls sont égaux numériquement, les forces et les parcours présentant des différences en sens inverses, nous sommes obligés pour conclure d'en appeler à l'observation. Dans un autre ordre d'idées, je signale l'hypothèse sur la constance de la force. Il est bien visible que, si elle variait continuellement d'intensité et si elle n'agissait pas dans la direction même du parcours, l'expression analytique du travail serait moins simple. Il serait alors représenté par l'intégrale des travaux élémentaires réalisés aux divers points du parcours, et dans ces travaux élémentaires figurerait non la force elle-même, mais sa projection sur la direction actuelle du mouvement. Je ne reviendrai plus sur ces sortes de complications, dont le calcul doit tenir compte, mais qui ne touchent pas aux idées fondamentales.

Le concept du travail, quelle qu'en soit la formule analytique, est indépendant du temps. J'entends par là que l'égalité des travaux subsiste, nonobstant l'inégalité dans la durée des parcours. Voici, par exemple, une force qui prend un corps au repos et le sollicite sur 1 mètre de longueur. La même force, dans la suite du mouvement, agit encore sur 1 mètre. Le second parcours est franchi beaucoup plus rapidement que le premier, à raison de la vitesse acquise. Néanmoins les deux travaux sont tenus pour égaux, aux termes de la définition précédente. Une telle vue n'est pas une fantaisie de l'esprit; elle n'est pas arbitraire; mais elle répond à la nature des choses. Les forces physiques que nous connaissons, et qui, on le sait, sont réciproques, dépendent des distances mutuelles des corps ou des particules entre lesquels elles s'exercent. La gravitation, l'attraction moléculaire, l'affinité chimique, la force répulsive des gaz sont dans ce cas. Le travail qu'elles peuvent fournir est en raison du chemin à parcourir et il ne dépend que de ce chemin. Une fois le parcours épuisé, la possibilité de travail disparaît. Quand un corps suspendu est tombé sur le sol, la pesanteur n'a plus d'effet. Quand les molécules gazeuses se sont dispersées dans l'atmosphère, l'action de leur détente cesse de se faire sentir. D'autre part, le temps est sans influence sur le travail de ces forces. Le corps peut rester suspendu indéfiniment sans que le travail à attendre de sa chute soit altéré. Un gaz peut rester indéfiniment comprimé sans que sa force élastique diminue. Il en serait de même de la vapeur d'eau d'une chaudière, si nous savions éviter toutes les causes de déperdition de la chaleur. Bref, les forces physiques travaillent d'après la distance, et nullement d'après le temps. Dans l'industrie nous assistons au même phénomène. La consommation ou la dépense de l'eau qui actionne une turbine dépend du nombre de tours de la turbine ou du chemin parcouru et point de sa vitesse de rotation ou du temps. La dépense de combustible dans une machine à vapeur (toujours dans l'hypothèse où l'on saurait éviter les pertes accessoires) est en raison du nombre de coups de piston ou du nombre de tours de roue, finalement du chemin parcouru (¹).

De même que le travail est indépendant du temps, il l'est également de la masse. Peu importe que le corps soumis à la force soit lourd

---

(¹) Les moteurs animés semblent faire exception à la règle, car leurs forces s'épuisent à la fois par le travail et par la durée. Mais cette seconde partie du phénomène, épuisement par la durée, est tout à fait étrangère à la production mécanique; elle est déterminée par l'entretien des organes. Le corps des êtres animés lutte incessamment contre des causes de destruction qui nécessitent un apport continu de substances nouvelles. Mais à côté de cette opération physiologique, l'acte mécanique s'accomplit dans des conditions identiques à celles où fonctionnent les agents inanimés, et la dépense de forces reste rigoureusement proportionnelle au travail fourni.

ou léger ; la dépense ne s'en ressentira pas : elle sera toujours proportionnelle au parcours. Au surplus l'intervention de la masse n'est qu'un autre aspect de l'intervention du temps. Si la masse est faible, la durée du parcours sera moindre ; si la masse est forte, la durée sera plus longue. Puisque le temps n'a pas d'influence, la masse n'en aura pas non plus. Quand la résistance maintient la vitesse uniforme, la question de masse est naturellement éliminée.

Puissance. — Au point de vue strictement mécanique, le temps n'entre donc pas en considération dans l'accomplissement du travail. Mais les convenances sociales peuvent nous conduire à en tenir compte : en général, il ne nous est pas indifférent qu'un travail soit exécuté avec lenteur ou célérité. Il nous arrive même de préférer un travail rapide, bien que le prix de revient doive en être augmenté. Personne n'ignore qu'un train à grande vitesse coûte plus cher qu'un train ordinaire, à raison des résistances passives qui croissent beaucoup ; néanmoins les administrations de chemins de fer n'hésitent pas à organiser des trains rapides, qui répondent mieux aux désirs des voyageurs. Dans un grand nombre de conjonctures il en est ainsi; la production prompte est recherchée. De là une nouvelle notion qui n'a rien de géométrique, mais qui s'inspire des conditions de notre industrie; c'est celle de la quantité de travail à exécuter dans l'unité de temps, ou de la *vitesse du travail*. On dira d'un moteur qu'il a une grande puissance mécanique, ou simplement une grande *puissance*, quand il est doué d'une grande vitesse de travail, quand il est susceptible de produire un grand nombre d'unités de travail pendant l'unité de temps.

Il semble que, pour cette évaluation et pour la comparaison des moteurs, il eût été naturel de conserver la même unité déjà employée dans les diverses branches de la Science, c'est-à-dire le kilogrammètre. Mais comme les machines modernes sont généralement puissantes et qu'on serait arrivé à des chiffres considérables pour les qualifier, on a éprouvé le besoin de créer une autre unité pratique, qui est de 75 kilogrammètres. Il est regrettable qu'on ne soit pas resté fidèle au système décimal et qu'on n'ait pas adopté l'unité de 100 kilogrammètres. On a préféré le chiffre de 75, parce qu'on a cru se rapprocher ainsi de la puissance du moteur animé le plus usuel, le cheval. Mais ce but même n'a pas été atteint et l'on a reconnu que le cheval le plus vigoureux ne pourrait soutenir un effort se traduisant par 75 kilogrammètres à la seconde. C'est donc bien à tort qu'on a appliqué à cette puissance mécanique de 75 kilogrammètres à la seconde le nom de *cheval* qui, malgré tout, s'est fait accepter dans la langue industrielle.

Un autre exemple de fâcheuse dénomination est celle de *force* qui peu à peu s'est substituée à celle de puissance. On dit communément — et dans un sens, on le voit, bien différent de l'acception originaire — la « force » d'une machine, pour exprimer le nombre de chevaux qu'elle est susceptible de développer dans l'unité de temps. Quoi qu'il en soit de cette terminologie, l'idée de la puissance d'un moteur ou de la vitesse de travail est éminemment juste, dans le domaine de nos besoins, et mérite une place à part. On peut y voir un concept distinct de celui du travail et plus complexe que ce dernier. Il est formé, comme celui de la vitesse, du rapport de deux éléments : le travail et le temps.

MASSE VIVE.

La masse douée de vitesse, la « masse vive » est l'œuvre indistinctement de la quantité d'action ou du travail. Car il est bien évident que notre manière d'envisager l'action d'une force, de la considérer soit dans le temps, soit dans l'espace, n'en change pas le résultat. Quand un corps sollicité par une force est parvenu en un point de sa trajectoire, on ne saurait dire s'il s'y trouve en vertu de la durée ou en vertu du parcours. Les deux éléments, parcours et durée, se sont développés conjointement et le phénomène est unique. L'intérêt pour nous n'est pas d'ordre physique, mais d'ordre mathématique : nous pouvons juger utile, pour nos spéculations ultérieures, de rechercher séparément la relation analytique qui existe entre la masse vive, d'un côté, et la quantité d'action ou le travail, de l'autre. Telle est l'origine des formules célèbres de Descartes et de Leibniz.

Constatons tout d'abord un fait capital, qui jette le plus vif éclat sur ces formules. La masse vive n'est pas seulement l'œuvre de l'action continuée. Mais elle en est la représentation intégrale et l'exact équivalent. Il semble que les impulsions dynamiques qui se sont succédé se soient accumulées dans la masse comme en un dépôt, d'où elles peuvent être extraites à volonté. L'expérience démontre que, si à la masse vive, actuellement abandonnée par la force motrice, on oppose une force nouvelle, égale à la première et de sens contraire, la masse sera ramenée au repos après une durée et au bout d'un parcours précisément égaux à ceux pendant lesquels la force motrice avait agi. La masse vive peut donc restituer soit la quantité d'action, soit le travail — peu importe le nom — qu'elle avait reçu; elle est véritablement de l'action en mouvement, et selon le point de vue auquel on se placera, on dira qu'elle est dépositaire de quantité d'action ou de quantité de travail.

C'est cette équivalence fondamentale, cette faculté de reproduire intégralement les effets de la cause — faculté bien rare en dehors des phénomènes dynamiques — qui donne tout leur intérêt aux relations posées par les deux grands géomètres, et en est même la raison d'être.

La première en date, celle de Descartes, est tellement simple qu'on aurait le droit de s'étonner de sa découverte tardive si l'on ne savait que trop souvent les rapports les plus simples sont les derniers aperçus. Elle nous apparaît aujourd'hui comme la conséquence directe et évidente de la troisième loi du mouvement. D'après cette loi, la vitesse contractée par un corps, sous l'influence d'une force constante, est à la fois proportionnelle à l'intensité de la force et à la durée, soit à la quantité d'action. D'autre part, la masse est, par définition, proportionnelle à la force qui lui imprime une vitesse donnée au bout d'une durée déterminée, et par conséquent proportionnelle aussi à la quantité d'action. Celle-ci étant donc à la fois proportionnelle à la masse et à la vitesse, l'est à leur produit. Elle deviendra numériquement égale à ce produit, si les unités de masse, de force, de vitesse et de temps sont choisies de manière que l'unité de masse, sollicitée par 1 kilogramme, pendant une seconde, acquière une vitesse égale à 1 mètre.

Or, quelle est l'unité de masse qui satisfait à cette condition? Nous ne pouvons l'assigner *a priori*, car il ne dépend pas de nous que telle force donne telle vitesse à telle masse au bout d'une durée fixée. C'est là un phénomène physique qui échappe à toute considération logique. L'observation seule peut nous instruire. Des expériences fort minutieuses, dans le détail desquelles je n'ai pas à entrer, ont fait connaître qu'un corps tombant librement sous l'action de son propre poids acquiert au bout d'une seconde une vitesse égale à $9^m,81$. Donc la masse d'un décimètre cube d'eau sollicitée par une force de 1 kilogramme acquiert une vitesse de $9^m,81$. Pour que, la force restant la même, la vitesse acquise fût seulement de 1 mètre, il faudrait que la masse fût 9,81 fois plus forte, parce que, en vertu de la troisième loi déjà citée, les vitesses sont en raison inverse des masses que sollicite la même force pendant le même temps. Donc le produit de la force par la durée ou la quantité d'action est égal au produit de la masse par la vitesse, pourvu que l'unité de masse soit égale à la masse de 9 décimètres cubes 81 d'eau ou à la masse d'un corps pesant 9 kilogrammes 81. Ce nombre 9,81 revenant perpétuellement en Mécanique, est désigné par la lettre g.

Le produit de la masse par la vitesse s'appelle *quantité de mouvement,* expression qu'il faut considérer comme l'abréviation de « quantité d'action en mouvement ». C'est là, en effet, ce que représente la masse vive, et le terme ainsi compris est bien approprié (¹).

La relation de Descartes a rendu à la Science les plus grands services; selon l'heureuse image d'un savant contemporain, elle est « la porte d'entrée » de la Dynamique, car elle fournit les bases des équations générales du mouvement. Dès l'instant que la quantité d'action est égale au produit de la masse par la vitesse, il s'ensuit que la force est égale au rapport de la vitesse à la durée, multiplié par une constante, qui est la masse. Si la force est variable, son intensité à tout moment est égale au rapport des accroissements élémentaires de la vitesse et du temps, ou à l'accélération actuelle. Si donc on sait comment la vitesse varie avec le temps ou quelle est la valeur de l'accélération, on en déduit la valeur de la force; et réciproquement, si l'on sait comment varie la force, on en déduit la valeur conti-

---

(¹) Je cherche vainement quel autre sens pourrait être donné aux mots « quantité de mouvement ». Pris à la lettre, ils paraissent inintelligibles. Le mouvement n'est pas une quantité, à moins qu'il ne soit synonyme de vitesse. Mais alors « quantité de mouvement » n'exprime pas l'idée de masse, qui est cependant sous-entendue dans la locution. Il faut donc en revenir à l'interprétation que nous avons donnée.

nuelle de la vitesse et par suite aussi la position du mobile. La relation de Descartes est donc décisive pourvu que la force ou la vitesse ou le chemin parcouru soient exprimés en fonction du temps.

L'équation entre la masse vive et le travail est un peu moins simple que la précédente, mais non moins remarquable. Elle se démontre aussi avec une extrême facilité. En effet, la vitesse communiquée au mobile, après un parcours quelconque, est — toujours suivant la troisième loi du mouvement — proportionnelle à l'intensité de la force et en raison inverse de la masse; ou bien la force est proportionnelle au produit de la masse par la vitesse. D'autre part, la longueur parcourue est proportionnelle à la vitesse moyenne, laquelle est la moitié de la vitesse acquise après le parcours. Donc le produit de la force par le parcours est proportionnel au produit de la masse par la vitesse acquise, multiplié par la moitié de cette même vitesse. En d'autres termes le travail est proportionnel au demi-produit de la masse par le carré de la vitesse acquise. La proportionnalité devient égalité, si l'unité de masse sollicitée par l'unité de force prend une vitesse égale à l'unité de longueur, au bout d'un parcours égal à la moitié de cette unité. Or, précisément, il en est ainsi avec le système déjà adopté : la vitesse égale à l'unité de longueur est acquise au bout de l'unité de temps; mais, pendant l'unité de temps, le parcours se confond avec la vitesse moyenne et dès lors est égal à la moitié de la vitesse ou à la moitié de l'unité de longueur.

Cette équation pourrait être obtenue plus rapidement, à l'aide de la première. La force multipliée par la durée étant égale au produit de la masse par la vitesse acquise, et la durée étant égale au parcours divisé par la vitesse moyenne ou par la demi-vitesse acquise, il en découle aussitôt que la force multipliée par le parcours est égale au produit de la masse par le demi-carré de la vitesse acquise. Mais il semble préférable d'établir la relation de Leibniz directement, sans passer par celle de Descartes, afin de mettre en relief leur indépendance réciproque. Chacune d'elles peut et doit conduire à l'autre, puisqu'elles sont deux manières différentes d'exprimer le même phénomène, mais aucune n'est et ne doit paraître subordonnée à l'autre.

Le demi-produit de la masse par le carré de la)

vitesse a reçu également, à raison de son extrême importance, un nom particulier : celui de *force vive*. Pour en bien saisir le sens, il faut se reporter à l'acception du mot force dans la Mécanique industrielle, où il est souvent synonyme de travail. Les praticiens, nous l'avons vu, entendent par « force » d'une machine le travail qu'elle est susceptible de fournir dans un temps donné. Quant à l'épithète vive, elle a la même signification que dans « masse vive » ; elle rappelle l'idée de mouvement. « Force vive » veut donc dire littéralement : travail en mouvement, et l'on ne saurait souhaiter rien de plus exact.

La relation de Leibniz, ou *équation de la force vive*, ne joue pas le même rôle que celle de Descartes pour assurer le point de départ de la Mécanique analytique. Elle ne suffirait pas à exprimer le mouvement, sauf dans le cas où celui-ci n'est possible que dans une seule direction. Mais elle met en évidence un objet vers lequel notre esprit se porte avec prédilection, attiré qu'il est par sa clarté, à savoir le travail conçu comme générateur du mouvement qui se déroule sous nos yeux. Les forces naturelles se conformant à la loi de la distance et leur action se mesurant par le parcours plutôt que par la durée, le concept du travail a une supériorité évidente sur tout autre : il est à la fois plus accessible et mieux en harmonie avec les réalités physiques. Dès lors nous nous plaisons à le dégager dans toutes les circonstances où le problème s'y prête. Aussi la force vive a-t-elle fini par se confondre, à nos yeux, avec la masse vive et l'une des locutions ne se distingue plus de l'autre.

L'équation de la force vive est d'un usage constant en Mécanique appliquée. Les forces mises en jeu, sauf dans le cas restreint des moteurs animés, dépendent exclusivement des parcours, et en outre elles ne s'exercent le plus souvent que dans une seule direction. L'équation de la force vive peut donc y rendre et elle y rend en effet des services multipliés. Elle nous permet d'autre part de donner à la relation vaguement formulée entre le travail moteur et le travail résistant toute sa précision. Au lieu de nous borner à dire que le premier travail s'emploie partie à vaincre le second et partie à créer de la vitesse, nous pouvons énoncer maintenant cette équation tout à fait générale : « Le travail moteur est égal au travail résistant, plus l'accroissement de la force vive »; chacun de ces trois termes étant bien entendu une intégrale, s'il y a lieu. Enfin, si l'on ajoute que certaines causes naturelles sont comparables, par leurs effets, à du travail accumulé, on comprendra que la formule de Leibniz est susceptible d'applications aussi nombreuses qu'intéressantes.

L'égalité entre le travail et le demi-produit de la masse par le carré de la vitesse montre que des travaux définis égaux par le motif que les produits de leur force par le parcours sont égaux, communiquent à une même masse la même vitesse. Ce résultat, comme nous l'avons fait remarquer, n'était pas impliqué dans la définition. Il aurait pu se faire que des travaux numériquement égaux donnassent cependant des vitesses différentes. S'il n'en est pas ainsi et si nous pouvons affirmer maintenant l'égalité des vitesses, c'est parce que nous avons fait usage, pour établir l'équation de la force vive, de la troisième loi du mouvement, laquelle énonce ce fait expérimental que la vitesse acquise sous l'influence d'une force constante croît proportionnellement au temps. On voit à chaque pas combien les lois naturelles dominent la Mécanique et combien il serait chimérique de vouloir s'en passer, même dans les cas les plus élémentaires.

La force vive représentant rigoureusement le travail qui l'a engendrée, elle est en état de vaincre un travail résistant égal et contraire. Mais cette pleine équivalence n'en laisse pas moins subsister une profonde différence de nature; car il n'y a aucune similitude entre une masse douée de vitesse et une force qui se déplace. Il faut remarquer en outre que la force vive est capable d'effets que souvent le travail générateur n'aurait pas produits. Elle peut vaincre une force incomparablement plus grande, sur un parcours, il est vrai, beaucoup plus petit. Si l'on avait voulu obtenir ce même résultat du travail générateur, il aurait fallu commencer par transformer celui-ci à l'aide d'appareils (dont le type le plus simple est le levier), fondés tous sur ce principe que *le parcours doit perdre ce que gagne la force*. La masse vive ou force vive n'a pas besoin d'intermédiaire : elle est son propre appareil de transformation. L'accroissement de la résistance à vaincre est sans limites et peut aboutir au phénomène si connu du choc, où le parcours est insignifiant et la force développée assez grande pour entraîner la rupture ou l'écrasement des corps. La masse en mouvement est donc comme chargée de puissance et par là se rapproche d'un explosif, d'un condensateur électrique ou d'un gaz comprimé.

La comparaison des forces vives suggère des réflexions analogues.

Deux masses en mouvement sont équivalentes quand leurs expressions numériques sont égales, car elles correspondent à deux quantités de travail équivalentes. Mais cette égalité numérique est loin d'établir l'identité dans l'ordre physique. Une petite masse douée d'une grande vitesse occasionne des effets tout autres que ceux qui sont dus à une grande masse douée d'une petite vitesse. En réduisant de plus en plus la masse pour accroître la vitesse (dans la proportion de la racine carrée de la masse), on arrive, avec une quantité de travail peu importante, à déterminer des effets intenses et même destructeurs, alors que la grande masse à faible vitesse aurait simplement propagé son mouvement à d'autres corps. Cette propriété bien connue a été utilisée dans les armes de guerre et pour divers travaux industriels, où l'on se propose de fragmenter et de désagréger les corps. Ces distinctions, bien entendu, s'effacent si les corps impressionnés sont retenus par des obstacles fixes; car alors la masse percutante, même à faible vitesse, ne pouvant avancer, comprime ou entame le corps.

Nous voyons une fois de plus la différence qui sépare l'abstrait du concret. Les conclusions tirées du Calcul ne peuvent s'appliquer sans réserve à la Nature, et la plus simple réflexion indique qu'il en doit être ainsi. En effet, quand nous édifions la Mécanique rationnelle, nous commençons par faire abstraction des propriétés des corps. Nous retenons uniquement celle qui leur permet d'acquérir ou de perdre de la vitesse. Rien d'étonnant dès lors à ce que, ramenés à la Nature, nous rencontrions ces autres propriétés que nous avons négligées et qui font naître des conséquences auxquelles notre spéculation théorique ne nous avait pas préparés. On s'explique ainsi que deux forces vives égales numériquement soient très dissemblables physiquement.

La double dénomination créée pour désigner la masse vive ne doit laisser aucune ambiguïté dans l'esprit. De ce qu'on rencontre dans les formules tantôt la vitesse au premier degré (quantité de mouvement), tantôt la vitesse au second degré (force vive), il ne s'ensuit nullement, je ne saurais trop le répéter, qu'on soit en présence de deux objets, de deux entités distinctes. La masse n'a qu'une façon de posséder la vitesse. Le degré avec lequel celle-ci figure tient uniquement à l'opération algébrique par laquelle il a fallu passer pour rattacher la vitesse à l'action de la force, opération qui naturellement diffère selon qu'elle porte sur le temps ou sur l'espace. Les produits obtenus à la fin n'ont aucune signification concrète; ce sont de pures quantités numériques, découlant de la comparaison des divers éléments avec leurs unités respectives.

ÉNERGIE.

Le concept de l'*énergie* est tout récent. Il s'est formé dans la dernière moitié du siècle, à la suite de la mémorable découverte sur l'équivalence mécanique de la chaleur, devenue la quatrième loi générale du mouvement. On doit le considérer comme une extension du concept de la masse vive, en ce sens que la puissance résidant dans une masse n'est pas nécessairement représentée par de la vitesse, mais elle peut l'être aussi par des agents ou des propriétés d'une autre sorte, capables de se mesurer avec la puissance dynamique. Je me borne à cette simple mention du concept, qui sera éclairci par l'exposé de la loi même qui lui a donné naissance.

CENTRE DE MASSE OU DE GRAVITÉ.

J'ai raisonné comme si les corps en mouvement décrivaient une ligne géométrique. Je ne me suis pas préoccupé de leurs dimensions. Une telle abstraction est permise quand ces dimensions sont très petites par rapport à l'amplitude de la trajectoire. Ainsi les astronomes considèrent les planètes comme de simples points, dans l'étude de leurs orbites autour du Soleil. De même en balistique, le diamètre des projectiles, variable de quelques millimètres à quelques décimètres, est toujours négligé devant la trajectoire, qui atteint plusieurs kilomètres. Mais il est nombre de circonstances où nous avons à tenir compte des dimensions des corps et, par conséquent, de la distribution de la matière dans leur volume.

Une question prime toutes les autres, qui nous est immédiatement suggérée par le maniement des corps : c'est la recherche d'un point qui nous semble marquer le centre de la masse du corps. De même qu'il existe, en Géométrie, un centre de figure, tel que le centre d'un cercle ou d'une sphère, le point de rencontre des diagonales d'un rectangle ou des lignes médianes d'un triangle, il nous apparaît que, même dans les corps hétérogènes et de forme irrégulière, il doit y avoir quelque point jouissant de propriétés particulières au regard de la Mécanique et autour duquel la matière se fait, pour ainsi parler, contrepoids. Notre expérience journalière vient à l'appui de cette opinion ou nous l'a inspirée. Nous avons constaté, par exemple, en poussant un objet sur une table, que nous pouvons diriger notre effort de façon que l'objet ne tourne ni à droite ni à gauche, mais marche droit devant lui. Nous constatons aussi que, s'il nous plaît de pousser l'objet par des points différents, il est, pour chacun de ceux-ci, une direction qui réalise le même effet de parallélisme de toutes les lignes décrites par les particules dans le mouvement d'ensemble. Il existe, dans l'intérieur du corps, un point par lequel passent ces directions diverses : c'est celui que notre instinct discerne comme un *centre de masse* et tel que, si une force de direction constante lui est appliquée, toutes les particules reçoivent le même mouvement.

Les corps homogènes ou non peuvent être regardés comme formés de particules matérielles réunies entre elles d'une manière invariable tant que le corps garde sa solidité. Puisque celles-ci prennent toutes des mouvements semblables, elles se trouvent dans le même cas que si elles étaient individuellement sollicitées par des forces parallèles, proportionnelles à leurs masses (c'est la définition même des masses). Le centre de masse est donc le centre des forces parallèles, proportionnelles aux masses des particules, qui leur seraient simultanément appliquées. La réalisation de ce phénomène nous est offerte par la chute des corps. Un objet tombant librement dans le vide, toutes ses particules sont soumises à l'action de leurs poids, qui sont proportionnels à leurs masses, et elles décrivent des droites égales et parallèles. Ainsi le centre de masse coïncide avec le *centre de gravité;* c'est pourquoi on lui a donné ce nom, sous lequel il est plus généralement connu.

La détermination du centre de gravité et l'étude de ses propriétés occupent une place importante en Mécanique. Je n'ai pas à les énumérer ici. Je signalerai cependant la première de toutes et la plus simple, qui justifie la façon dont nous avons envisagé le mouvement d'un corps en l'assimilant provisoirement à celui d'un point géométrique.

Quand un corps est sollicité par une force appliquée au centre de gravité, les choses se passent comme si toute la matière du corps était réunie en ce centre, et le mouvement de celui-ci est le même que si les dimensions du corps étaient infiniment petites. Il est donc permis de les omettre dans la considération du mouvement d'ensemble, et de s'occuper exclusivement de la trajectoire du centre de gravité. On est par là conduit à une abstraction, d'un usage continuel en Mécanique, laquelle revient à admettre qu'on opère sur des *points matériels,* de masse sensible et de dimensions pourtant négligeables. Un corps solide très étendu peut être conçu comme la réunion d'un nombre plus ou moins grand de points matériels liés entre eux invariablement. Mais il ne faut pas perdre de vue que les théories établies sur de pareils corps artificiels ne s'étendent aux corps de la Nature que dans les limites où ces derniers peuvent être assimilés à des solides géométriques.

Les agrégats de matière dont les particules se déplacent les unes par rapport aux autres, tels que les liquides et les gaz, ont également leur centre de gravité. Mais ce centre ne jouit d'aucune propriété spéciale; la force qui lui serait appliquée n'entraînerait pas d'un mouvement commun les diverses parties de l'agrégat.

———

En résumé, — sans parler du temps et de l'espace, qui dominent la généralité de nos connaissances — les principaux concepts de la Mécanique sont :

Le mouvement;

La vitesse, avec son corollaire l'accélération;

La force;

La masse, avec son corollaire la capacité dynamique;

La quantité d'action;

Le travail, avec son corollaire la puissance dynamique;

La masse vive, sous ses deux noms : quantité de mouvement et force vive;

L'énergie;

Le centre de gravité, avec son corollaire le point matériel.

On pourrait allonger cette liste. Les moments d'inertie, les axes instantanés de rotation, les couples, etc., jouent un rôle important et répondent dans notre esprit à des idées fort nettes. Mais on ne parvient à leur connaissance et l'on n'apprécie leur fonction qu'à la suite de déductions et après des calculs souvent laborieux. Ce sont plutôt des produits de la Science que des notions immédiates suggérées par l'observation. Elles ne paraîtraient donc pas à leur place dans un exposé limité aux idées les plus générales et les plus simples.

CHAPITRE II.

LOIS GÉNÉRALES DU MOUVEMENT.

Ces lois sont présentement au nombre de quatre (¹). Elles ont quelques caractères communs, que je résume brièvement :

1° Elles sont dues entièrement à l'observation et ne sont, à aucun degré, susceptibles d'une démonstration logique. Elles diffèrent donc essentiellement des principes en usage dans les Mathématiques pures.

2° Elles sont d'une généralité à laquelle, jusqu'ici, on ne connaît pas d'exception. On est

(¹) Plusieurs auteurs n'en admettent encore que trois. Ce point sera discuté plus loin.

autorisé à croire qu'elles s'appliquent, non seulement dans l'étendue du système solaire, mais au delà, dans l'universalité des mondes. A mesure que l'identité de la matière, chez les différents astres, s'affirme davantage à la suite des merveilleuses découvertes de la spectroscopie, il devient de plus en plus probable qu'ils sont soumis aux mêmes lois dynamiques. Le mouvement des étoiles multiples en fournit un nouvel indice.

3° Elles sont d'une exactitude rigoureuse. Leurs formules ne sont pas approximatives, comme celles de nombreuses lois physiques et chimiques, mais elles ont la rectitude d'une proposition de Géométrie. Ainsi, pour ne citer que la première loi générale, celle qui concerne l'égalité entre l'action et la réaction, le principe énoncé se vérifie intégralement. Il n'est pas, selon les cas, exact à un millième ou à un dix-millième près, mais il l'est d'une manière absolue; il ne comporte pas la plus légère erreur.

4° Ces lois, précisément à raison de leur énoncé qui est très général (mais qu'on ne saurait restreindre sans inconvénient), contiennent les conséquences les plus variées. L'Analyse mathématique s'applique à les dégager et forme ainsi un domaine extrêmement étendu. Mais, sans qu'il soit besoin de recourir à ce puissant moyen, un grand nombre de conséquences, dirai-je les plus usuelles? apparaissent tellement liées aux lois elles-mêmes et en découlent si naturellement qu'on peut les mettre immédiatement en relief, en employant le langage ordinaire. On en trouvera de fréquents exemples dans cette Étude.

La rigueur même de ces lois a pu, à certaines époques, masquer leur caractère de contingence et favoriser l'essor d'une dynamique dans laquelle les conceptions abstraites avaient une trop grande place. Mais il ne faut pas oublier que toute conception abstraite éloigne de la Nature et que dès lors le contrôle de l'expérience est plus nécessaire. Sans doute, avec les ressources de l'Analyse, on parvient à édifier des théories logiquement irréprochables, mais si quelque portion d'abstrait s'est introduite à la base, les conséquences pourront n'être pas applicables au monde extérieur. Ainsi les corps solides étant traités comme des assemblages géométriques de points matériels, il n'est pas certain d'avance que les propositions établies à leur sujet seront vraies pour les corps réels. On en a eu un exemple frappant dans ce théorème si longtemps enseigné, que la force vive se conservait dans le choc des solides indéformables et se détruisait en tout ou en partie dans le choc des solides déformables. Or on a dû reconnaître que dans la réalité : 1° il n'y a pas de corps pour lesquels la conservation de la force vive soit complète; 2° que, chez les corps déformables, la destruction de la force vive n'est qu'apparente; elle se transforme en chaleur. Assurément l'Analyse n'était pas en défaut; ce qui amenait l'erreur, c'était l'hypothèse faite sur la structure des corps.

Les lois générales du mouvement sont donc des guides sûrs, mais à la condition qu'on raisonne sur des systèmes matériels qui ne s'éloignent pas sensiblement de ceux du monde physique. Dès qu'il y a un écart marqué entre l'hypothèse et la réalité, il faut procéder à des vérifications expérimentales *a posteriori* pour savoir dans quelle mesure les déductions théoriques peuvent être acceptées. C'est là ce qui différencie profondément la Mécanique *céleste* de la Mécanique *terrestre*. En Astronomie, on n'a pas à tenir compte, pour la détermination des trajectoires, de la constitution effective des corps, considérés à bon droit comme de simples points matériels; c'est à proprement parler le mouvement de leur centre de gravité qu'on étudie. On n'a pas davantage à se préoccuper de la résistance du milieu, puisqu'ils paraissent se mouvoir dans un vide quasi absolu. Enfin il n'existe ni liens, ni surfaces, ni aucune sorte d'intermédiaires qui créent des occasions de chocs ou de frottements. On peut donc s'appuyer résolument sur les lois générales et s'abandonner sans crainte au Calcul. Pour mieux dire, les lois générales elles-mêmes sont, en grande partie, tirées de l'observation de ces mouvements et en sont l'expression élargie. Dès lors, entre ces mouvements et ces lois, il y a une connexion étroite, et l'on ne saurait affirmer les uns sans affirmer du même coup les autres. Au contraire, la Mécanique terrestre ou la Mécanique des corps situés sur notre Globe est sujette à mille restrictions, par suite des particularités qui accompagnent leurs déplacements. La constitution des corps, des milieux et des liens, l'intervention de forces dont la nature est mal connue, les rencontres et les contacts les plus variés font qu'on n'est jamais bien sûr d'avoir embrassé toutes les conditions du problème et de les avoir appréciées à leur vraie valeur. L'exactitude des lois générales comme celle des méthodes est entière ; mais on ne possède pas une connaissance suffisante des éléments spéciaux sur lesquels on opère, connaissance si complète en Astronomie.

Dans l'exposé qu'on va lire je m'astreindrai à suivre non pas l'ordre historique, mais l'ordre qui paraît le plus conforme à l'enchaînement des idées.

I. LOI D'ÉGALITÉ ENTRE L'ACTION ET LA RÉACTION.

Cette loi, l'avant-dernière en date, m'a semblé devoir être présentée la première, pour une double raison : 1° elle jette un jour précieux sur la manière d'être de la matière ; 2° elle explique en partie la loi suivante et permet de lui donner une expression plus simple et plus précise.

La loi de réaction — comme on l'appelle souvent pour abréger — a été révélée par Newton. Elle énonce ce grand fait que, dans la Nature, *les forces sont réciproques* ou que *les actions sont toujours égales deux·à deux et de sens contraires*. En d'autres termes, il ne se produit pas un phénomène dynamique qui n'ait son exacte contre-partie. Si l'on pouvait lier subitement, par une tige rigide et inextensible, deux corps ou deux particules entre lesquels des actions mutuelles s'exercent, celles-ci se neutraliseraient réciproquement et seraient comme inexistantes au regard des deux corps réunis.

Newton a vérifié la justesse de ce principe en constatant le parfait accord de ses conséquences avec les mouvements de tous les corps célestes connus de son temps. Ses successeurs, dans leurs innombrables applications du Calcul à l'Astronomie, n'ont jamais eu la moindre dérogation à enregistrer. Les différents corps de notre système, depuis le Soleil jusqu'au dernier astéroïde, se comportent comme s'ils s'influençaient, deux à deux, avec une égale énergie et dans des directions opposées. Les récentes observations faites sur le mouvement des étoiles doubles ou triples conduisent à penser que la même loi préside aux évolutions de ces astres lointains.

Sur notre planète, des faits variés, des phénomènes de toutes sortes fournissent à chaque instant des confirmations indirectes. Si, dans l'intérieur d'un corps, les actions qui se développent de molécule à molécule ne se faisaient pas continuellement équilibre, ce corps ne resterait pas immobile sur un plan horizontal, ou ne garderait pas la verticale à l'extrémité d'un fil de suspension. Mais il se déplacerait ou s'inclinerait dans le sens de la résultante générale des actions intérieures. Un aimant attaché à un morceau de fer doux entraînerait celui-ci ou serait entraîné par lui. Le liquide contenu dans un vase posé de niveau se porterait d'un côté ou même s'échapperait par-dessus les bords. Les réactions chimiques, dues aux affinités mutuelles, ébranleraient le récipient dans lequel elles s'opèrent. En un mot, tous les phénomènes seraient plus ou moins troublés, car tous impliquent à quelque degré la réciprocité des actions en présence.

Cette réciprocité nous est accidentellement voilée par les intermédiaires à travers lesquels les actions se transmettent. Quand nous voulons exercer une pression sur un corps à l'aide de ressorts, de fluides ou d'objets plus ou moins déformables, nous n'observons pas tout d'abord une parfaite égalité entre l'effort au point de départ et l'effort au point d'arrivée. Il semble que l'action initiale se disperse et se perde en partie dans le mécanisme de transmission. Mais si nous attendons que celui-ci ait pris une forme invariable, que ressorts, poulies, courroies, etc., suffisamment tendus, forment un système géométrique, nous constatons chez le dernier corps impressionné, ou dans l'obstacle contre lequel nous appuyons, une réaction exactement égale à l'effort d'origine. En chaque point de l'appareil la réciprocité règne alors, et la portion de droite tire ou pousse la portion de gauche de la même façon que celle-ci pousse ou tire celle-là.

La loi de Newton se manifeste à nous de tant de manières qu'elle a fini par prendre, à nos yeux, une sorte de caractère d'évidence. Ainsi, un aimant attirant une barre de fer doux, il nous semble naturel et même inévitable qu'il soit, à son tour, attiré par elle et que, si les deux objets ont la faculté de se rapprocher, si d'ailleurs ils possèdent la même masse, ils doivent se rencontrer à moitié chemin. De même nous avons peine à nous figurer que les attractions entre le Soleil et la Terre ne soient pas égales. Cependant, si l'on y réfléchit, on reconnaît que ces phénomènes n'ont rien de nécessaire et pourraient fort bien se produire autrement. Qu'est-ce qui empêcherait que les attractions soient unilatérales? que l'aimant attirât le fer sans être attiré par lui? que la Terre n'eût aucune action sur le Soleil? Il en résulterait la fixité du Soleil par rapport à la Terre, et cette fixité, qui a longtemps été regardée comme la loi naturelle des choses, serait facilement expliquée par la considération que les deux astres diffèrent dans leur constitution et que, dès lors, l'un d'eux a des propriétés que l'autre ne possède pas au même degré. Cette vue paraîtrait aussi légitime que la vue contraire nous le paraît aujourd'hui, à la suite des observations répétées des astronomes.

Puisque les actions qui s'exercent entre les molécules d'un même corps sont égales deux à deux et de sens contraires, elles s'annulent réciproquement, si le corps a la consistance d'un solide géométrique ou peut être considéré comme tel. *Il reste immobile sous la seule influence de ses forces intérieures.* Lorsqu'en réalité il se meut, c'est qu'il a reçu une impulsion antérieure ou qu'il subit actuellement une influence venue du dehors. La loi de Newton permet donc de considérer les corps comme individuellement incapables de se mouvoir par eux-mêmes et comme empruntant nécessairement le secours de quelque autre corps pour pouvoir se déplacer.

C'est à ce point de vue qu'on dit souvent d'eux qu'ils sont *inertes*. Mais l'expression n'est pas heureusement choisie, car elle éveille l'idée d'une impuissance générale, d'une passivité, d'une absence complète d'action. Or un corps est au contraire le théâtre de phénomènes nombreux : il possède la cohésion, l'affinité chimique; il émet de la chaleur, des effluves électriques; il collabore, pour sa part, à la gravitation universelle; il ne mérite donc pas la qualification d'inerte. Ce qu'il faut entendre, c'est que ce corps isolé, soustrait au reste du monde, se comporterait à la façon d'un corps vraiment inerte et ne prendrait de mouvement dans aucune direction.

Quand le corps n'est pas solide et qu'on envisage une quantité limitée de matière dont les molécules peuvent se déplacer séparément, les forces intérieures continuent bien d'être égales deux à deux et contraires, mais les molécules ne restent pas nécessairement au repos. Car les forces ne s'exercent pas sur des lignes rigides et ainsi ne se neutralisent pas directement; deux molécules qui s'attirent ou se repoussent peuvent se rapprocher ou s'éloigner l'une de l'autre. Le système entier de ces molécules ou la portion limitée de matière peut donc posséder des mouvements internes d'une certaine étendue. Mais le mouvement d'ensemble ou le déplacement du centre de gravité sera nul sous l'influence de ces seules forces. En effet, le mouvement du centre de gravité, dans une direction quelconque, est la moyenne des mouvements des particules, dans cette même direction. Ce mouvement moyen, multiplié par la masse totale du système, est égal à la somme des produits des masses individuelles multipliées chacune par sa vitesse suivant la direction considérée. Or toutes les forces étant réciproques, la somme de ces produits est égale à zéro. Le mouvement du centre de gravité est donc nul. A moins, je l'ai dit, que le système entier n'ait reçu une vitesse initiale ou qu'il ne soit présentement soumis à des influences extérieures.

Le système solaire réalise sur une très vaste échelle l'hypothèse d'une quantité limitée de matière, isolée dans l'espace. Bien qu'il existe un nombre immense d'étoiles, celles-ci sont tellement distantes de nous que leur attraction sur notre système paraît négligeable, de même que leur lumière réunie est insignifiante devant l'éclat du Soleil. Le centre de gravité ne saurait d'ailleurs être mis en mouvement par l'attraction mutuelle ni par aucune des autres forces qui s'exercent entre le Soleil, les planètes et leurs satellites, ou à l'intérieur de chacun d'eux. Mais comme, en fait, ce centre de gravité se transporte vers la constellation d'Hercule, avec une vitesse qu'on a pu approximativement mesurer, notre système ou la matière qui l'a formé a dû recevoir une vitesse initiale de translation. D'autre part, la rotation des planètes autour du Soleil et celle du Soleil sur lui-même indiquent que la matière a reçu également un mouvement gyratoire. Car les actions mutuelles n'auraient pu le déterminer; elles auraient occasionné un mouvement de concentration, avec des oscillations ou vibrations des particules autour de positions moyennes, mais rien qui ressemblât à une gyration générale (¹).

La loi de Newton a donc permis cette abstraction capitale, sur laquelle la Mécanique rationnelle est fondée, et qui consiste à regarder chaque corps individuellement comme étant dans un

---

(¹) La simultanéité de ces deux mouvements originaires, translation et rotation, est beaucoup moins surprenante que n'eût été l'existence d'un seul. Car ce mouvement unique aurait dû être imprimé dans des conditions toutes particulières pour n'être pas accompagné de l'autre. Une impulsion au hasard donnée à un corps solide le fait pirouetter sur lui-même en même temps que progresser.

état naturel et persistant de repos. Tout mouvement qu'il laisse voir est attribué à une force extérieure, analogue à nos efforts personnels, qui a agi ou qui agit présentement sur lui. Ainsi s'opère, pour notre esprit, le dédoublement du phénomène physique auquel il nous est donné d'assister. Nous dépouillons la substance de ses propriétés intrinsèques grâce auxquelles le plus souvent le mouvement prend naissance. Puisque ces propriétés dans chaque corps réclament pour se traduire en mouvement le concours de quelque autre corps, nous les rendons distinctes par la pensée et nous en faisons un agent extérieur qui s'applique à une substance passive et docile. Dès lors, tout mouvement est la mesure de quelque agent de cette sorte et autorise à l'évaluer en kilogrammes, comme s'il était directement soumis à nos manipulations.

II. LOI D'INERTIE.

La loi d'inertie, telle qu'on l'expose ordinairement dans les Traités, comprend deux parties distinctes.

La première partie, sans lien nécessaire avec la seconde, a été clairement aperçue et signalée par Kepler. Elle exprime l'idée que « les corps sont incapables par eux-mêmes de se donner du mouvement ou qu'ils sont inertes ». Malgré son incorrection, cette formule n'en constitue pas moins une découverte mémorable et une vue de génie (¹). Newton, qui en a fourni le vrai sens, avait le rare avantage de profiter des travaux de ses illustres devanciers, Kepler et Galilée.

Bien que cette première partie doive être, à

____

(¹) La loi d'inertie a souvent été attribuée à Galilée. Lagrange la lui reconnaît expressément dans sa *Mécanique analytique* (p. 208, 3ᵉ éd.), et M. Joseph Bertrand se prononce dans le même sens, dans un article du *Journal des Savants* (mars 1896) qu'il a consacré à mon livre sur la Philosophie des Sciences. Malgré ces deux hautes autorités, je crois devoir maintenir mon opinion. Kepler à émis au Livre IV (2ᵉ Partie, page 510) de ses *Epitomes astronomiæ copernicanæ* des réflexions qui me paraissent trancher la question de priorité en sa faveur, au moins en ce qui concerne la première partie de la loi. « Bien qu'un globe céleste, dit-il, ne soit pas pesant de la façon dont une pierre sur la Terre est dite pesante, ni léger comme l'est pour nous le feu, il a cependant, en raison de sa matière, une *incapacité* naturelle de passer d'un lieu dans un autre, il a une *inertie* naturelle ou repos, en vertu de quoi il reste immobile en tout lieu où il est placé isolé. En conséquence, pour qu'il change de place et sorte de son immobilité, il a besoin de quelque puissance qui soit autre chose que sa matière et mon avis, fondue désormais dans la loi de réaction, elle conserve cependant encore sa place dans beaucoup de Traités, par suite sans doute d'un respect exagéré de l'ordre historique. Kepler étant le premier en date, on croit devoir présenter d'abord la loi d'inertie, et il faut bien alors conserver la première partie, sans laquelle la vérité historique se trouverait altérée. Mais aujourd'hui, après plusieurs siècles écoulés, il n'est pas interdit de recourir à l'ordre logique, ce qui ne saurait rien enlever à la gloire de Kepler.

---

que le corps lui-même, laquelle triomphe de son inertie naturelle. » (Le texte latin est celui-ci : « Et si globus aliquis cœlestis non est sic gravis, ut aliquod in Terra saxum grave dicitur, nec sic levis ut penes nos ignis, habet tamen ratione suæ materiæ naturalem inertiam *adunamian* transeundi de loco in locum, habet naturalem inertiam seu quietem, qua quiescit in omni loco, ubi solitarius collocatur. Inde vero ex situ et quiete sua ut emoveatur, opus est illi potentia aliqua, quæ sit amplius quippiam, quam sua materia et corpus nudum, quæque inertiam hanc ejus naturalem vincat. ») Sans doute, Galilée a rendu l'idée plus précise, mais il a dû la puiser chez Kepler, lequel était son aîné de beaucoup et correspondait fréquemment avec lui au sujet de ses travaux. Auguste Comte, moins géomètre que Lagrange, mais plus philosophe et historien, n'hésite pas, dans l'analyse même qu'il fait de l'œuvre de Lagrange, à attribuer, à deux reprises, la loi d'inertie à Kepler (*Cours de Philosophie positive*, t. I, 25ᵉ leçon).

La seconde partie de la loi, devenue toute la loi, a été implicitement admise par Kepler, mais non expressément invoquée. La pensée en est même demeurée longtemps assez vague et la formule précise n'a été donnée que beaucoup plus tard. On s'accorde aujourd'hui pour lui attribuer la signification suivante :

Quand un corps (que je suppose momentanément réduit aux dimensions d'un point matériel) *possède une certaine vitesse, il la garde indéfiniment sans altération, si aucune influence extérieure ne s'exerce sur lui.*

On aperçoit tout de suite la différence essentielle entre cette seconde partie de la loi et la première. La première déclare que le corps est incapable de se donner du mouvement, et Newton a confirmé le principe en l'éclairant supérieurement. Mais, ce point admis, il ne s'ensuit nullement que le corps, une fois en possession de la vitesse, la gardera sans altération. L'impossibilité de perdre n'est pas corrélative de l'impossibilité de gagner. Qu'y aurait-il de choquant à ce qu'un corps, bien qu'inerte, se ralentît par degrés? Pourquoi ne perdrait-il pas sa vitesse par une sorte de rayonnement, comme il perd sa chaleur ou sa lumière ? « La nature de cette modification singulière, dit Laplace, en vertu de laquelle un corps est transporté d'un lieu dans un autre, est et sera toujours inconnue. » Nous ne pouvons donc pas fixer *a priori* les conditions de conservation de la vitesse. Si l'espace indéfini était rempli d'un milieu susceptible d'opposer une résistance, et si nous ne savions pas *faire le vide* relativement à ce milieu, comme nous le faisons pour les gaz pondérables, nous verrions le mouvement des corps se ralentir plus ou moins vite, sans que nous pussions soupçonner la cause de cette altération. La loi d'inertie, en pareil cas, n'aurait jamais été formulée.

Une telle supposition n'est pas bien extraordinaire, puisque à l'heure actuelle les physiciens et les astronomes se demandent si l'éther ou le milieu quelconque auquel sont provisoirement attribués les phénomènes de chaleur, de lumière et d'électricité, ne dérangera pas à la longue le mouvement des astres. Qu'on imagine ce milieu plus dense, et la loi d'inertie cesserait d'être exacte dans le domaine de nos observations. Si nous la tenons pour certaine, c'est donc en vertu de circonstances que l'expérience seule devait mettre en évidence. On comprend dès lors combien sont vaines les tentatives faites, à diverses époques, pour établir cette loi par le raisonnement. Elles se résument toutes à déclarer la matière *incapable* de changer son propre état. Comme si, à chaque instant, et sous une foule d'autres rapports, cette matière ne nous étonnait pas par la multiplicité de ses transformations!

Les mêmes causes qui assurent la conservation de la vitesse en grandeur l'assurent également en direction. Si le corps se mouvait en ligne droite, au moment où les forces extérieures l'ont abandonné, il continuera de se mouvoir suivant la même ligne droite. S'il parcourait une courbe, il s'en détachera suivant la tangente, à l'endroit précis où les forces disparaissent, et il s'éloignera indéfiniment dans cette direction.

L'expérimentation directe de la loi d'inertie n'est pas facile à organiser, parce qu'on ne peut pas débarrasser un corps de tout obstacle sur un long parcours. On reconnaît seulement qu'à mesure que les obstacles diminuent, que le vide est plus parfait, les frottements plus atténués, le mouvement se conserve davantage, ce qui donne à penser que, si les obstacles disparaissaient tout à fait, le mouvement se conserverait intégralement. On s'en assure mieux encore à l'aide d'appareils qui permettent de remplacer la longueur du parcours par une succession d'oscillations de faible amplitude. Par exemple, en écartant de la position verticale un corps suspendu et l'abandonnant ensuite à lui-même (ce qui revient à lui imprimer la vitesse correspondant au travail de la pesanteur pendant le retour à la verticale), on constate, si l'appareil est délicatement construit et placé dans le vide, que les oscillations se continuent d'elles-mêmes pendant un temps très long. Il n'en serait pas ainsi, si le corps ne gardait pas sa vitesse. Chaque oscillation diminuerait d'amplitude et le corps ne tarderait pas à s'arrêter. Mais la meilleure vérification, la seule qui soit absolument décisive, est fournie par l'observation répétée des mouvements astronomiques. L'étude des orbites planétaires ne dénote pas la moindre trace d'altérations, en dehors de celles que le calcul explique et qui se corrigent à la longue. Cette vérification magistrale démontre du même coup et l'application de la loi d'inertie et l'absence d'un milieu résistant, en quantité appréciable, dans les espaces interplanétaires.

La loi d'inertie ainsi comprise s'appellerait plus judicieusement la *loi de la conservation du mouvement*. Si cette dernière appellation n'a pas prévalu, c'est sans doute à raison de l'influence exercée par la première partie de la loi, laquelle a maintenu les esprits tournés vers l'idée d'inertie ou d'inactivité de la matière. En réalité, ce qu'il faut voir dans la formule actuelle, c'est que la vitesse n'est sujette à aucune déperdition spontanée, dans le genre de celle qui atteint la chaleur, la lumière, l'électricité.

La permanence de la vitesse implique la permanence de la force vive et par suite aussi la permanence du travail qui lui correspond.

Un corps qui se meut librement, en vertu de la vitesse acquise, représente à tout instant le travail qui lui a imprimé cette vitesse ou qui aurait pu la lui imprimer. Il est susceptible de régénérer ce travail à toute époque de sa course indéfinie. La conservation de la vitesse ou la loi d'inertie pourrait donc être formulée aussi : la conservation de la force vive ou du travail.

Si le corps, au lieu de se trouver entièrement libre, est assujetti à se mouvoir sur une courbe ou sur une surface (telle une boule parcourant un tuyau curviligne), et s'il ne se produit aucun frottement, la vitesse change continuellement de direction, mais elle garde sa **valeur** numérique. Il en est de même si le corps est attaché à l'extrémité d'un fil qui l'oblige à décrire un cercle. En général, la présence de courbes, de surfaces, de liens rigides, n'occasionne pas d'altération dans la grandeur de la vitesse, pourvu qu'il n'y ait pas de frottement et que les surfaces ne présentent ni aspérités ni angles sur lesquels le corps serait exposé à butter.

C'est là un fait d'expérience, nullement évident *a priori*. On a quelquefois le tort de l'admettre, comme une sorte de vérité rationnelle. « La réaction d'une courbe ou d'une surface, dit-on, s'exerce *normalement* ou dans un sens perpendiculaire à la direction de la vitesse ; elle ne peut dès lors influer que sur cette direction, et point sur la grandeur. » Si la réaction est, en effet, normale, elle n'affecte pas, d'après la troisième loi du mouvement, la grandeur de la vitesse. Mais *pourquoi est-elle normale?* « Parce que, ajoute-t-on, il n'y a pas de raison pour qu'elle s'exerce d'un côté plutôt que de l'autre. » Une telle manière de parler peut, à la rigueur, être acceptée en Statique, où l'on voit le corps maintenu en repos par la réaction de la surface contre laquelle on le presse. Mais qu'est-ce qui prouve que les choses se passent de même pour un corps en mouvement? Pourquoi la réaction ne serait-elle pas plus ou moins inclinée sur la direction de la vitesse, ainsi qu'on le remarque avec le frottement? L'expérience seule permet d'en décider. En résumé, ce n'est pas parce que la réaction est nécessairement normale que la vitesse conserve sa grandeur, mais c'est parce que, en fait, la vitesse conserve sa grandeur qu'on est en droit de conclure que la réaction est normale.

Quand un corps solide est assujetti à tourner autour d'un axe fixe, la loi d'inertie se manifeste par la conservation indéfinie de la vitesse angulaire et, par conséquent, de la force vive de toutes les particules composant le corps solide. Si le corps tourne simplement autour d'un point fixe, l'axe de rotation varie à chaque instant, en passant toujours par le point fixe, mais la somme des forces vives des particules n'en subsiste pas moins. Il en est encore de même si le corps à la fois se déplace et pirouette sur lui-même, en vertu d'impulsions antérieures. La force vive dans le sens de la translation, c'est-à-dire la masse totale multipliée par le demi-carré de la vitesse du centre de gravité, demeure constante; et, d'autre part, la somme des forces vives de rotation des particules demeure aussi constante, nonobstant le déplacement continuel de l'axe de rotation dans l'intérieur du corps.

Un système de corps ou de particules qui ne constituent pas une figure géométrique, mais qui sont susceptibles de prendre des positions différentes les uns par rapport aux autres, ne saurait donner lieu aux mêmes conclusions. Les forces extérieures étant supposées nulles, les forces intérieures produisent un certain travail, en rapport avec les variations de distance des diverses parties du système. Ce travail modifie la force vive primitive et en augmente ou en diminue continuellement la valeur. Pour que la quantité se retrouvât la même, à quelque époque du mouvement, il faudrait que les variations de distance des parties soient annulées ou que le système ait repris identiquement la même forme. Si cette condition se réalise périodiquement, la loi de la conservation du mouvement se manifestera par l'égalité périodique de la force vive. Mais en tout état, et quand même le système serait constitué de telle sorte que la force vive y varierait indé-finiment, il présenterait du moins une particula-

-rité remarquable : les forces intérieures étant im-puissantes à procurer un mouvement au centre de gravité ou à changer celui qu'il possède déjà, ce centre, si le système est, à un moment donné, laissé à ses seules forces intérieures, conservera éternellement la vitesse dont il était animé. Il continuera à avancer d'un mouvement uniforme. Réciproquement, si le centre de gravité possède un mouvement uniforme, on en peut conclure qu'il n'est pas actuellement sollicité par des forces extérieures.

Ces conséquences s'appliquent au système solaire, formé de corps et de particules dont les distances mutuelles varient sans cesse. Comme il ne reprend vraisemblablement jamais la même forme, sa force vive totale ne peut pas être constante, quoique, à vrai dire, elle ne s'éloigne pas beaucoup d'une certaine moyenne. Mais le déplacement de son centre de gravité est uni-forme, si l'ensemble de l'Univers n'exerce pas sur lui d'action appréciable. Inversement, si par la suite du temps l'observation permettait de con-stater que le déplacement n'est pas uniforme, il en faudrait conclure qu'on s'était trompé sur le manque d'influence des corps de l'Univers et que notre système gravite probablement autour de quelque centre inconnu. Cette conclusion s'imposera sans doute à une heure donnée. Car, même en admettant que notre système se meut aujourd'hui uniquement en vertu d'une impulsion antérieure, il est destiné, par le seul fait de son rapprochement des astres vers lesquels il se dirige, à subir tôt ou tard leur influence. De telles prévisions ne seraient en défaut que dans le cas où la loi d'inertie et la loi de la gravitation, si bien constatées dans l'intérieur du système solaire, ne s'appliqueraient pas également au reste de l'Univers.

Ces quelques remarques font pressentir combien sont directs et étroits les liens qui rattachent les théorèmes de Dynamique aux lois générales. Sans doute le secours de l'Analyse est nécessaire pour leur donner toute leur précision et leur rigueur, et c'est là l'objet essentiel des beaux développements de la Mécanique rationnelle. Mais la Science tout entière est tellement empreinte du caractère expérimental, qu'on devine pour ainsi dire et qu'on aperçoit les vérités contenues en germe dans les lois fondamentales, quand on est bien pénétré de l'esprit de ces dernières. Les conséquences dégagées par le Calcul sont, au même degré, des vérités naturelles et l'observation aurait suffi, en bien des cas, à les faire connaître. Il n'est donc pas surprenant qu'on les prévoie et que souvent même on sache les formuler, avant de recourir à une savante analyse.

Les géomètres emploient fréquemment l'expression de « force d'inertie ». Les deux mots paraissent contradictoires, car ce qui est inerte ou inactif ne saurait engendrer une force. Il serait plus exact de dire : « résistance d'inertie ». Encore même convient-il d'éclaircir le sens donné ici au mot « résistance ». Quand nous poussons devant nous un corps entièrement libre, il ne nous oppose pas une résistance semblable à celle d'un poids que nous voudrions soulever ; car, suivant une remarque déjà faite à l'occasion de la masse, le moindre effort ébranle le corps, tandis que le poids n'est soulevé que par un effort supérieur au poids lui-même. La résistance ou plutôt la réaction du corps supposé libre se proportionne à notre propre action ; mais, loin de détruire celle-ci, comme ferait un poids ou un frottement ou tout autre obstacle, elle la laisse passer intégralement dans le corps où elle s'accumule sous la forme de masse en mouvement. Ce que nous appelons force d'inertie ou résistance d'inertie est donc le procédé employé par la Nature pour transmettre le mouvement d'un corps à un autre. Ainsi entendue, la locution « force d'inertie » a pour but d'exprimer d'une manière concise le phénomène de la transmission de l'impulsion. Durant ce phénomène, le corps qui fournit l'impulsion se trouve dans le même cas que s'il était repoussé par un effort égal à la réaction du corps qui la reçoit. Mais dans tout cela il n'y a rien de contraire à la loi d'inertie ou à la parfaite mobilité de la matière, comme pourrait être tenté de le croire celui qui prendrait à la lettre ces termes métaphoriques (¹).

III. — LOI DE L'INDÉPENDANCE D'ACTION DES FORCES OU DE L'INDÉPENDANCE DES MOUVEMENTS.

Cette loi, découverte par Galilée, n'a pas été formulée tout d'abord, et même encore aujour-

---

(¹) C'est dans le même sens qu'on parle de la « force cend'hui n'est pas présentée avec le caractère absolument général que nous lui donnons ici. On se borne souvent à dire que « le mouvement uniforme commun à plusieurs corps n'influe pas sur les mouvements particuliers qu'ils peuvent prendre les uns par rapport aux autres ». Ainsi deux corps voisins, situés à la surface de la Terre, exigent les mêmes forces, pour être déplacés l'un par rapport à l'autre, que si le mouvement de la Terre, qui leur est commun, n'existait pas. Mais un énoncé aussi restreint est insuffisant — je le montrerai bientôt — pour justifier toutes les conséquences qu'on en prétend tirer. Il est nécessaire de l'élargir et d'attribuer à la loi sa pleine signification, qui est celle-ci :

Lorsqu'un corps (dont la masse est supposée condensée au centre de gravité) *est sollicité à la fois par plusieurs forces, celles-ci ne s'influencent pas réciproquement; la position oc-*

---

trifuge ». Cela ne veut point dire que le corps développe une force déterminée pour s'éloigner du centre, mais simplement qu'il faut lui en appliquer une pour l'y ramener. Livré à lui-même, le corps continuerait son mouvement suivant la tangente, en vertu de la loi d'inertie. La « force centrifuge » est donc la réaction que provoque l'effort exercé vers le centre.

cupée par le corps à un moment donné et sa vitesse sont exactement les mêmes que si chaque force avait agi seule, sans intervention des autres forces. En termes équivalents, le mouvement dû à l'ensemble des forces appliquées est le même que s'il résultait de la succession des mouvements particuliers dus aux diverses forces.

Si les forces varient avec la position du mobile, ainsi que cela a lieu en Astronomie, leur grandeur et leur direction, au cours de leur action simultanée, ne sont pas les mêmes que si chacune d'elles agissait seule à son tour. Car les positions du mobile, dans les deux cas, diffèrent. Mais si l'on pouvait assigner d'avance à chaque force les valeurs (grandeur et direction) qu'elle est destinée à prendre pendant le mouvement combiné, et si l'on supposait ensuite que la force agit seule avec ces mêmes valeurs, la succession de ces mouvements partiels engendrerait identiquement le mouvement combiné. La loi de Galilée n'est donc pas en défaut. La difficulté d'en contrôler le jeu vient du caractère ardu du problème analytique qui consiste à déterminer les positions du mobile et par suite les valeurs effectives des forces.

Mais, toutes les fois que le calcul peut être opéré avec une approximation suffisante, le rapprochement des positions et des valeurs des forces ainsi déterminées, avec les positions relevées par l'observation, met en relief la justesse du principe de l'indépendance des mouvements. Cette grande loi se trouve donc confirmée indirectement par la concordance qu'offrent, dans des cas sans nombre, les résultats du calcul et ceux de l'expérience.

A la surface du Globe les combinaisons de forces sont moins faciles à étudier, parce qu'on rencontre des obstacles de tout genre qui en altèrent les effets. Cependant il est des cas simples où la vérification se fait naturellement. Je rappelle les plus connus.

Lorsqu'un navire poursuit une marche régulière sur une mer parfaitement tranquille, l'observateur placé sur ce navire et participant dès lors au mouvement commun reconnaît que tous les mouvements particuliers s'effectuent comme si le navire et lui-même étaient en repos. Les perturbations éventuelles sont dues aux agitations de la mer, qui ne se font pas sentir de la même manière sur tous les points du navire et qui, par suite, interrompent le mouvement commun. Dans un convoi de chemin de fer, si la voie est bien unie et se développe en ligne droite, les voyageurs, dont les mouvements particuliers ne sont pas gênés par le mouvement commun, n'ont pas le sentiment de la vitesse, à moins de regarder les objets de la route. Qui n'a remarqué les fréquentes illusions auxquelles nous sommes sujets? Tantôt nous nous croyons en marche, quand c'est le train à côté du nôtre qui s'ébranle; tantôt nous croyons le voir partir, quand c'est nous-mêmes qui nous ébranlons. Personne n'ignore quelles énormes distances parcourent les aéronautes sans presque s'en apercevoir. Mais rien n'est plus probant que le mouvement du globe terrestre. Les objets situés dans un même lieu peuvent être considérés comme animés d'un mouvement commun, au moins pendant un certain temps. Si ce mouvement commun influait sur les mouvements particuliers, ceux-ci seraient affectés de diverses manières, selon que les objets seraient déplacés dans le sens du méridien ou dans le sens du parallèle, de l'est à l'ouest ou de l'ouest à l'est. Or les déplacements particuliers conservent toujours le même aspect; ils sont donc indépendants du mouvement commun.

Les phénomènes physiques et chimiques réalisés dans nos laboratoires offrent une preuve d'un autre genre. Ils ne sont jamais troublés par la translation rectiligne et sans secousse du support sur lequel s'opère l'expérience. On peut regarder cependant les actions en jeu comme étant, à des degrés divers, fonction des distances mutuelles des molécules et des vitesses dont celles-ci sont animées les unes par rapport aux autres. Si le mouvement commun altérait les mouvements particuliers, les actions s'en ressentiraient et l'expérience serait plus ou moins compromise.

L'attention ayant été depuis longtemps appelée sur cette grande loi, aujourd'hui elle paraît presque une vérité rationnelle et on la suppose telle implicitement, quand on admet comme évident qu'une force agissant pendant une durée double communiquera une vitesse double. Les hommes sont loin cependant d'avoir toujours pensé ainsi, car, au moment où Galilée a exposé sa découverte, « il s'est élevé de toutes parts, dit Auguste Comte, une foule d'objections *a priori* tendant à prouver l'impossibilité rationnelle d'une telle proposition, qui n'a été unanimement admise que lorsqu'on a abandonné le point de vue logique pour se placer au point de vue physique ».

La loi de Galilée est la base de tous les théorèmes relatifs à l'action combinée des forces ou au résultat de plusieurs mouvements simultanés. Ils constituent ce qu'on est convenu de nommer la *composition* des forces ou des mouvements. Quelques exemples sont particulièrement intéressants.

1° *La vitesse croît proportionnellement à la durée de l'action de la force.* — Soit, en effet, un corps sollicité par une force constante en grandeur et en direction (appliquée au centre de gravité). Au bout de la première unité de temps, imaginons un second corps, pareil au premier et animé de la même vitesse, mais n'étant soumis à aucune force. Au bout de la deuxième unité de temps, ce second corps, en vertu de la loi d'inertie, aura sa même vitesse; mais le premier aura acquis par rapport à lui, d'après la présente loi, une vitesse égale à celle qu'il avait gagnée pendant la première unité de temps. Il a donc, au bout de cette deuxième unité, une vitesse double de celle qu'il possédait déjà après la première. Un raisonnement analogue, répété à chaque unité de temps, permet de conclure que la vitesse croît comme le temps. C'est, on s'en souvient, le principe grâce auquel ont été établies les équations de Descartes et de Leibniz.

2° *Les forces sont proportionnelles aux vitesses qu'elles impriment à une même masse au bout du même temps.* — Car, soit un corps sollicité par une force double ou par deux forces simples. Celles-ci, agissant indépendamment l'une de l'autre, produiront chacune la même vitesse que si elle eût été seule. Leur réunion produira donc une vitesse double. Le raisonnement serait le même, quel que fût le nombre des forces simples. Ainsi se trouve démontrée cette proposition, qu'on a quelquefois le tort de regarder comme évidente et qui, en réalité, découle de l'observation, à savoir que les forces définies par le nombre d'unités qu'elles contiennent et les forces définies par les vitesses qu'elles procurent à une même masse sont identiques.

On voit aussi que les espaces parcourus dans un temps donné, sous l'action de forces différentes, sont proportionnels aux grandeurs de ces forces.

3° *Les masses sont inversement proportion-nelles aux vitesses qu'elles reçoivent de la même force au bout du même temps.* — En effet, les deux moitiés de la masse double peuvent être considérées comme sollicitées chacune par une moitié de la force simple. Elles acquièrent donc des vitesses moitié de celle que reçoit la masse simple, sous l'action de la force simple, puisque les vitesses que prennent, dans le même temps, des masses égales sont proportionnelles aux forces qui les actionnent. D'une manière générale, si une masse est un certain multiple d'une autre, la vitesse qu'elle recevra sera ce même nombre de fois plus faible.

4° *Les espaces parcourus, sous l'influence d'une force constante, comptés depuis l'origine, sont proportionnels aux carrés des temps écoulés.* — Car la vitesse croissant proportion-nellement au temps, comme on vient de le voir, la vitesse acquise au bout de la première unité de temps sera nécessairement double de la vitesse moyenne qui a régné pendant cette unité. Donc le corps franchit, pendant la deuxième unité de temps, en vertu de cette seule vitesse acquise, un espace double de celui qu'il a franchi pendant la première unité de temps. Mais la force continuant d'agir pendant cette deuxième unité de temps, devra faire parcourir au mobile, nonobstant la vitesse dont il est déjà doué, un espace égal à celui qu'il a parcouru pendant la première unité de temps. Donc, au total, pendant les deux unités réunies, le corps parcourra un espace quadruple. On reconnaîtrait de même que pendant la troisième unité de temps le corps devrait parcourir : 1° en vertu de la vitesse acquise, égale à 2, un espace égal à celui qu'il a franchi pendant les deux premières unités de temps avec une vitesse moyenne égale à 1, soit un espace de 4; 2° en vertu de la force, un espace égal à un; en tout, un espace de 5. Dès lors, dans les trois unités de temps, le corps franchit un espace de $4 + 5$ ou 9. Et ainsi de suite, toujours en prenant le carré du nombre d'unités de temps écoulées depuis l'origine. On peut dire aussi que, dans chacune des unités de temps successives, l'espace franchi est égal à 1, 3, 5, 7, ou qu'*il est représenté par la série des nombres impairs.*

Ces théorèmes sont contenus dans la proposition désignée sous le nom de *parallélogramme des forces* ou *des mouvements.*

Cette proposition fameuse, sur laquelle beaucoup de géomètres se sont exercés en vue de l'établir par le raisonnement, est ainsi conçue :

Quand un corps est sollicité par deux forces (constantes) dans deux directions différentes, il prend le même mouvement que s'il était soumis à une seule force représentée en grandeur et en direction par la diagonale du parallélogramme dont les deux côtés représenteraient en grandeur et en direction les deux forces données.

Elle est la conséquence directe de la loi sur l'indépendance des forces (c'est-à-dire de l'expérience). Car la position du mobile, à un moment quelconque, devant être la même que si les deux forces s'étaient exercées séparément, l'une après l'autre, il faudra, pour la déterminer : $1°$ tracer une droite égale au chemin que la première force aurait fait parcourir dans le temps considéré; $2°$ au bout de cette droite, et sous l'angle formé par les directions des deux forces, mener une seconde droite égale au chemin que la seconde force aurait fait parcourir dans le même temps. En d'autres termes, il faut construire le parallélogramme dont les deux côtés sont les distances respectivement engendrées par les deux forces. Mais les trois longueurs, de ces deux côtés et de la diagonale, sont proportionnelles aux trois grandeurs des deux forces données et de celle qui produirait à elle seule le même résultat. Si donc le parallélogramme avait été construit avec les grandeurs des forces, au lieu des chemins parcourus, la diagonale représenterait en grandeur et en direction la force unique équivalente aux deux forces données. Celles-ci sont nommées *composantes* et la troisième *résultante*. On peut, si l'on préfère, dire que la résultante est égale au troisième côté du triangle commencé avec les deux composantes.

Une force égale et directement opposée à la résultante ferait équilibre aux composantes.

Du parallélogramme ou du triangle on passe, avec une très grande facilité, au polygone, c'est-à-dire au cas d'un nombre quelconque de forces, situées ou non dans le même plan, appliquées en un même point ou *concourantes*. Car, toujours en vertu de la loi de Galilée, les deux premières forces peuvent être remplacées par leur résultante; et celle-ci, combinée avec la troisième force, encore par leur résultante; et ainsi de suite, jusqu'à une résultante unique pour toutes les forces. Ces résultantes successives sont représentées par les lignes menées du point donné aux sommets des triangles successifs, et finalement par la ligne qui ferme le polygone construit avec les diverses forces. D'où il suit que *toutes les forces concourant en un point ont une résultante unique et peuvent être tenues en équilibre par une force égale et contraire à cette résultante.*

Si, au lieu de forces actuellement agissantes, on a affaire à des vitesses provenant d'impulsions antérieures, ou à une combinaison de vitesses acquises et de forces actuelles, le raisonnement est toujours le même et l'on aboutit toujours à une résultante unique, déterminée par le même procédé géométrique.

Si enfin, au lieu d'être constantes, les forces étaient variables, la résultante varierait elle-même pendant toute la suite du mouvement. Mais elle n'en serait pas moins déterminée à tout moment par la construction géométrique dans laquelle les côtés du polygone représenteraient les grandeurs de la vitesse et des forces à ce moment précis.

Parmi les démonstrations purement logiques

tentées par divers géomètres, au sujet du parallélogramme des forces, je citerai celle qu'a donnée Poinsot dans ses *Éléments de Statique,* si justement classiques. Je m'empresse de dire qu'en Statique le paralogisme est moins marqué qu'en Dynamique. Il existe tout de même et il ne saurait échapper à un esprit bien pénétré du caractère concret de la Science. Poinsot commence par la proposition suivante : « Lorsque deux forces P et Q sont appliquées à un même point A sous un angle quelconque, on conçoit bien qu'une troisième force R, appliquée convenablement au point A, pourrait faire équilibre aux deux forces P et Q; car, en vertu des efforts combinés des deux forces P et Q, le point A tend à quitter le lieu où il est : *or il ne peut s'échapper que d'un seul côté, et par conséquent, si l'on applique une force convenable en sens contraire, ce point demeurera en équilibre.* Les trois forces P, Q, R étant en équilibre autour du point A, la force R est égale et directement opposée à la résultante des deux autres : donc deux forces P et Q qui concourent ont une résultante. » J'ai souligné le membre de phrase où le paralogisme apparaît. De ce que le point ne peut s'échapper que d'un seul côté, pourquoi conclure qu'une seule force en sens contraire l'en empêchera? Tout ce qu'on est en droit d'avancer, c'est que deux forces individuellement égales et contraires aux forces P et Q pourront empêcher le mouvement que celles-ci tendent à produire. Mais aller au delà, affirmer *a priori* qu'une seule force R pourra obtenir le même résultat, c'est admettre ce qui est en question, à savoir que les deux forces égales et contraires aux forces P et Q ou que ces deux forces elles-mêmes ont une résultante.

Nous ignorons absolument, en dehors de l'expérience, si le mouvement produit par deux forces est identique au mouvement produit par une seule force. Il se pourrait très bien qu'il y eût entre eux une différence irréductible et que, là où deux forces agissent, deux forces aussi fussent nécessaires pour réagir et amener l'équilibre.

La suite de la démonstration de Poinsot ne prête pas moins à la critique (¹). Sans entrer

---

(¹) On ne se méprendra pas sur ma pensée, qui ne saurait être de manquer de respect envers la mémoire d'un aussi illustre géomètre.

dans les détails, je rappellerai qu'elle s'appuie notamment sur ce *postulatum*, que des forces nouvelles, égales et de sens opposés, venant à être introduites sur le système, l'effet à attendre des forces déjà existantes ne sera pas changé. Une semblable méthode ne soulève pas d'objection quand on opère sur des quantités abstraites. Il est évidemment permis d'ajouter à la fois et de retrancher des longueurs, des surfaces, des durées, etc.; les sommes resteront les mêmes. Mais ici, nous sommes en présence de quantités concrètes. Qu'est-ce qui prouve que le groupe primitif de forces, enrichi de forces supplémentaires, se comportera encore de la même manière sur le corps? Nous ne savons pas quelles combinaisons différentes peuvent naître entre les forces et la masse, et si le mouvement ne s'en trouvera pas affecté. Il y a là un phénomène physique, dont les raisons profondes nous échappent.

Ceci me ramène à l'énoncé trop restreint de la loi de Galilée auquel j'ai fait allusion et dont je reproduis les termes : « Le mouvement uniforme, commun à plusieurs corps, n'influe pas sur les mouvements particuliers qu'ils peuvent prendre les uns par rapport aux autres. » Le principe ainsi formulé permet bien de conclure que le déplacement dû à la fois à une vitesse acquise et à l'action d'une force est figuré par le parallélogramme formé avec cette vitesse et cette force. Mais dès qu'on remplace la vitesse acquise par une autre force actuellement agissante, on éprouve quelque hésitation à soutenir que la nouvelle diagonale du parallélogramme représentera la résultante des deux forces. L'incertitude augmente encore quand on ajoute une troisième force, car rien n'autorise à prétendre que l'introduction de cette troisième force n'influera pas sur la résultante des deux autres; et dès lors la construction géométrique faite avec cette résultante et avec la troisième force ne représente pas indiscutablement la résultante des trois forces. En cette matière, l'induction ne suffit pas et ne saurait suppléer aux preuves expérimentales. Mieux vaut donc, me semble-t-il, poser la loi dans toute sa généralité, après en avoir vérifié l'exactitude dans le plus grand nombre possible d'applications.

L'indépendance ou la coexistence des mouvements, c'est-à-dire la possibilité pour un corps ou pour une molécule d'obéir en même temps à plusieurs actions distinctes, sans altérer la physionomie propre à chacune d'elles, éclate de toutes parts dans le monde physique. A un bout de l'échelle, nous voyons les corps du système solaire, soumis à des attractions qui s'enchevêtrent dans plusieurs directions, poursuivre leur marche comme si chacune de ces attractions s'exerçait seule (avec les valeurs correspondant aux positions effectives du mobile). A l'autre bout de l'échelle, la molécule vibre, oscille et ondule, à la sollicitation d'agents divers, et manifeste à la fois des phénomènes de chaleur, d'électricité, de lumière. L'air agité à la fois par les vibrations les plus variées nous apporte des sons qui conservent toute leur harmonie et dans lesquels une oreille exercée distingue les nombreux instruments qui ont concouru à les produire.

De même que des forces concourantes, aussi nombreuses qu'on les suppose, peuvent être remplacées par une résultante unique, de même une force unique peut être remplacée par autant de composantes qu'on voudra, dirigées de mille manières. Celles-ci sont simplement assujetties à la condition que le polygone construit avec leurs grandeurs ait pour dernier côté la force unique.

Il existe ainsi une infinité de groupes de forces qui sont équivalents à une force donnée et, par suite, équivalents entre eux, ou qui sont susceptibles d'engendrer le même mouvement. Lors donc que du mouvement d'un point matériel on veut remonter à sa cause, on est en présence d'un problème indéterminé, car ce mouvement peut être réalisé par une infinité de systèmes de forces. Au contraire, quand une force ou un système de forces est assigné, le mouvement en résulte nécessairement. Je me borne pour le moment à cette indication.

Une des manières les plus usuelles de remplacer une force par plusieurs autres forces, ou de la *décomposer*, consiste à lui substituer deux forces à angle droit, parallèles à deux axes rectangulaires, si le mouvement est contenu dans un plan, ou trois forces parallèles à trois axes rectangulaires, si le mouvement se déroule dans l'espace. La force donnée est la diagonale du rectangle ou du parallélépipède formé avec ces composantes. Un tel mode de décomposition est commandé par l'habitude qu'ont prise les géomètres de rapporter les courbes à des axes rectangulaires. Mais il n'est pas obligatoire et peut faire place à des combinaisons différentes.

Par exemple, on est conduit, par une pente naturelle de l'esprit, à décomposer la force en deux autres : l'une dirigée suivant la tangente à la trajectoire et qui se nomme, pour ce motif, *force tangentielle*, et l'autre dirigée suivant la normale à la courbe et qui se nomme *force normale* ou *force centripète*. La première engendre seule l'accélération du mobile sur sa trajectoire, et la seconde détermine l'inflexion de celle-ci ou la courbure. Elle pourrait être suppléée par un lien ou par une surface sur laquelle le mobile serait assujetti à demeurer. La réaction du lien ou de la surface donnerait les mêmes résultats. Cette force normale ou cette réaction est dite centripète, parce qu'elle ramène continuellement, vers le centre de la courbe, le mobile qui autrement s'échapperait en ligne droite. La locution « force centrifuge » désigne la tendance au mouvement rectiligne, neutralisée par la force centripète. Par définition, donc, la force soi-disant centrifuge a la même expression numérique que la force centripète et elle est de sens opposé.

Quand deux forces, au lieu d'être appliquées en un même point, sont appliquées à deux points différents d'un corps solide, tout en étant dans le même plan, il est encore très facile de trouver leur résultante. Car on peut concevoir ces forces transportées sur leur propre direction jusqu'à leur point de rencontre et celui-ci invariablement lié au corps solide. Les forces agissent de la même manière et produisent le même mouvement, selon qu'on les suppose appliquées au point de rencontre ou aux deux points primitivement désignés sur le corps. La résultante sera donc fournie par la diagonale du parallélogramme construit avec les deux forces transportées, et cette résultante agira au point où la diagonale prolongée rencontre le corps solide.

S'il y avait un plus grand nombre de forces agissant en des points différents, la résultante ne pourrait pas être déterminée par cette méthode géométrique, parce que les forces ne sont pas nécessairement concourantes et que même, en général, elles ne se rencontrent pas.

Il est un cas cependant fort intéressant, où la résultante d'un nombre quelconque de forces, appliquées en autant de points différents, peut être déterminée géométriquement : c'est celui où les forces sont parallèles. Examinons d'abord deux forces seulement. Leur parallélisme est le dernier terme de la rencontre qui s'effectuerait en un point de plus en plus éloigné du corps solide. La grandeur de la résultante, toujours représentée par la diagonale du parallélogramme, a pour limite, à mesure que l'inclinaison mutuelle des côtés diminue, la somme de ces deux côtés, c'est-à-dire la somme des grandeurs des deux forces. Quant au point où la résultante coupe la droite qui unit les points d'application des deux forces, il est situé de manière à partager cette droite en raison inverse des forces : le plus grand segment étant du côté de la plus petite force et le plus petit segment du côté de la plus grande. En effet, tant que les forces concourent, l'inspection de la figure montre que le rapport de ces segments ne cesse pas d'être égal au rapport inverse des forces, multiplié par le rapport des sinus des deux angles formés par les directions des forces avec cette base. Quand les forces deviennent parallèles, le rapport des sinus est égal à un, puisque les deux angles sont supplémentaires. On passerait du cas de deux forces parallèles à celui de trois forces et à celui d'un nombre quelconque de forces parallèles ; on verrait que la résultante est égale en grandeur à leur somme et qu'elle est appliquée en un point qui peut se déterminer par une série de constructions géométriques et qu'on appelle centre des forces parallèles. Ce point se confond avec le centre de gravité, si le solide est formé par la jonction invariable d'un certain nombre de points matériels ou de particules, et si les forces qui les sollicitent sont proportionnelles à leurs masses.

Quelque nombreuses que soient les forces appliquées à un corps solide et quelque diverses que soient leurs directions, on peut toujours les ramener à deux forces distinctes et irréductibles.

En effet, imaginons qu'on fasse passer dans le solide un plan quelconque, et que toutes les forces soient transportées aux points où les prolongements de leurs directions rencontrent ce plan. Chaque force pourra être remplacée par deux autres : l'une parallèle à une direction déterminée, par exemple, perpendiculaire au plan; l'autre située dans ce plan lui-même. Toutes les forces perpendiculaires au plan auront une résultante unique, puisqu'elles sont parallèles; toutes les autres auront également une résultante unique, puisqu'elles sont situées dans le plan. Ces deux résultantes, n'étant généralement pas contenues dans un même plan, ne se ramèneront pas à une seule.

La réduction à deux forces seulement est d'ailleurs réalisable d'une infinité de manières; car le plan choisi et la direction commune sont entièrement arbitraires. On peut notamment faire passer le plan par le centre de gravité, et ensuite en varier l'inclinaison de telle manière que la résultante des forces perpendiculaires au plan passe également par ce centre. Dès lors il sera loisible de concevoir le mouvement du solide à tout instant comme se composant de deux autres : 1° une translation infiniment petite suivant la direction de la résultante perpendiculaire au plan, et due précisément à l'action de cette résultante; 2° une rotation infiniment petite autour de cette même droite, due à l'action de la résultante située dans le plan. L'instant d'après, c'est un plan un peu différent et une direction un peu différente qui se substituent aux précédents. En sorte que le mouvement continu du solide, toujours dû à l'action de deux forces dont la grandeur et la direction varient sans cesse, se traduit par une série de très petites rotations et de très petits glissements le long de l'axe instantané de rotation.

J'ai réservé un cas fort curieux où deux forces situées dans le même plan n'ont pas de résultante. C'est celui où les forces sont égales, parallèles et de directions opposées. Si leurs intensités différaient seulement un peu, ces forces auraient une résultante égale à leur différence et dont le point d'application serait très éloigné. A la limite, quand la différence est nulle, la résultante apparaît comme égale à zéro et située à l'infini ; ce qui revient à dire qu'il n'existe pas de force unique pouvant suppléer à l'action des deux forces. Celles-ci ne causent donc pas une translation du solide, que procure toujours une force unique. Comme d'autre part elles ne s'annulent pas, puisqu'elles ne sont pas dans le prolongement l'une de l'autre, elles ne peuvent que faire tourner le corps autour du centre de gravité. Ce centre est d'ailleurs immobile, car, en vertu de la loi d'inertie, sa translation dans une direction quelconque impliquerait que les forces ont une résultante suivant cette direction, ce qui n'a pas lieu.

Cet effet très remarquable du système de deux forces parallèles égales et de sens contraires a conduit à envisager directement un tel système, à lui constituer une sorte d'individualité et à l'élever presque à la hauteur d'un concept, analogue à celui de la force elle-même. Il y a là, selon moi, quelque chose d'excessif, car, si intéressant que soit le *couple* (tel est le nom consacré) et quelque parti qu'en ait su tirer l'illustre Poinsot, il n'éveille cependant pas une idée nouvelle; il ne fait que présenter une application singulière de l'idée générale de force et d'un groupe de forces. On trouve néanmoins utile et commode de raisonner sur les couples comme sur des entités, parce qu'on met ainsi très simplement en relief un certain nombre de propriétés. Les deux principales sont : 1° qu'un couple peut être transporté comme on veut dans son plan ou dans tout plan parallèle, sans que le mouvement du solide soit changé; 2° qu'un couple peut être remplacé par un autre, pourvu que les produits de la force par le *bras de levier* (droite perpendiculaire aux deux forces) soient égaux. Cette dernière propriété est tout à fait analogue à celle des travaux, dont l'équivalence dépend du produit de la force par le chemin parcouru.

Ces propositions sont d'ailleurs faciles à démontrer géométriquement. Il suffit de prendre un couple égal et opposé à celui dont on veut faire ressortir l'équivalence; de remarquer que son bras de levier est, à raison de la rigidité du solide, invariablement lié au bras de levier du couple donné; l'on constate ainsi, d'après les propositions précédentes, que les quatre forces des deux couples se font équilibre. D'où il suit que le couple transporté, mais conservant la direction primitive de ses forces, produit le même effet qu'il produirait dans sa position originaire.

Le couple apparaît donc comme l'élément générateur de la rotation, au même titre que la force simple est l'élément générateur de la translation. On est amené à composer et décomposer les couples de la même manière qu'on compose et décompose les forces, et l'on reconnaît que des couples en nombre quelconque appliqués à un corps solide peuvent toujours être remplacés par un seul. Dès lors les forces de toute nature, qui sollicitent un corps solide, peuvent être ramenées à une force et à un couple passant par le centre de gravité. Car toutes les forces sont réductibles à deux, qui généralement ne se rencontrent pas. Or si l'on applique au centre de gravité deux forces contraires, égales et parallèles à l'une des deux résultantes, celle-ci se trouve remplacée par une force et un couple passant par le centre de gravité. En opérant de même sur l'autre résultante, on obtient une deuxième force et un deuxième couple passant par le centre de gravité. Les deux forces étant concourantes ont une résultante unique, et les deux couples ont également un couple résultant unique. La force résultante, appliquée au centre de gravité, correspond à la translation générale du solide, et le couple résultant correspond à sa rotation autour de ce même centre. Ainsi les forces motrices subissent une transformation symétrique de celle que notre esprit fait subir au mouvement lui-même, d'après laquelle nous avons une idée nette et claire de ce mouvement.

Ces diverses conséquences, et bien d'autres encore que je pourrais indiquer, se déduisent très simplement et surtout très rigoureusement de la loi de Galilée énoncée avec la généralité que je lui ai donnée. Mais quand on veut la restreindre et *a fortiori* s'en passer, on tombe dans les paralogismes dont j'ai montré un exemple saisissant dans la proposition du parallélogramme des forces. Ce premier écueil franchi ne préserve pas d'autres écueils du même genre. Ainsi, quand on aborde par la méthode de la Statique la composition des forces parallèles, on est obligé d'introduire des forces nouvelles égales et opposées, sans pouvoir dire que l'admission de ces forces nouvelles ne modifiera pas le mode d'action des précédentes. Une telle certitude ne peut naître que de la franche adoption de la loi générale, car cette loi apprend que les effets dus à l'action successive de deux forces égales et opposées se compensent. Dans les démonstrations qui s'appuient sur la loi ainsi généralisée, on réclame seulement le droit de faire varier le point d'application des forces le long de leur propre direction, ce qui est un des rares axiomes de la Dynamique (susceptible d'ailleurs d'être vérifié par l'expérience), ou de remplacer les forces données par des combinaisons déjà reconnues permises. Cette marche est donc la seule qui soit rigoureuse; toute autre qui, dans le louable dessein de diminuer le nombre des vérités admises *a priori*, tente d'y suppléer par des raisonnements ingénieux, se condamne à des pétitions de principe qu'un examen attentif ne tarde pas à mettre en évidence.

IV. — LOI DE L'ÉQUIVALENCE MÉCANIQUE DE LA CHALEUR.

Cette loi, qui en Mécanique devrait s'appeler *loi de l'équivalence thermique du travail*, compte à peine un demi-siècle d'existence. Elle est due aux travaux simultanés, mais indépendants, de deux physiciens : M. Mayer, en Allemagne, et M. Joule, en Angleterre. Des expériences multipliées, entreprises tantôt directement, tantôt à la suite de calculs théoriques, l'ont entièrement vérifiée et ne laissent plus de place à aucune hésitation.

Elle consacre ce grand principe qu'*entre un effet mécanique et un effet thermique il existe un rapport fixe et déterminé.* Ce rapport a été reconnu sensiblement égal à 424 : ce qui signifie que pour élever un décimètre cube d'eau à 424 mètres de hauteur, il faut, d'après la moyenne des observations, la même dépense de chaleur que pour accroître d'un degré la température de ce litre d'eau. En d'autres termes, si la combustion du charbon est employée, d'une part, à échauffer directement de l'eau, d'autre part, à mouvoir une machine élévatoire, la consommation de charbon, soit pour augmenter d'un degré la température d'un litre d'eau, soit pour remonter à 424 mètres le poids de 1 kilogramme, sera identique dans les deux appareils; en supposant, bien entendu, qu'il ait été tenu compte des pertes inévitables. Réciproquement, la force vive acquise par 1 kilogramme qui tombe de 424 mètres de haut est équivalente à cette même quantité de chaleur, désignée en Physique sous le nom de *calorie*. Donc l'unité de chaleur est équivalente à 424 unités de travail, et l'unité de travail est équivalente à $\frac{1}{424}$ de l'unité de chaleur.

Grâce à ce nouveau principe, il est facile désormais d'interpréter les nombreux faits qui semblaient constituer de véritables anomalies et qu'on s'était habitué à négliger dans l'exposition de la Dynamique. Quand deux corps, par exemple, se heurtent, ils perdent dans le choc, s'ils ne sont pas parfaitement élastiques, une partie de leur force vive. Cette perte pouvait être, dans une certaine mesure, attribuée au jeu des forces moléculaires qu'il faut vaincre pour déformer définitivement les corps, et c'est ainsi, en effet, qu'on l'expliquait autrefois. Mais la plupart du temps elle est hors de proportion avec ce travail intérieur. Il y avait donc une destruction de force vive sans cause connue, et l'on avait pris le parti de la passer, si j'ose dire, au compte des profits et pertes, sans approfondir davantage. De là certaines théories, trop superficielles, qui ont eu cours longtemps et dont on aperçoit encore la trace dans quelques Traités. Elles se contentaient d'établir une relation algébrique entre la fraction de force vive manquante et les variations survenues dans les vitesses.

La loi de l'équivalence a rectifié ce point de vue. Il n'y a pas, elle nous l'apprend, de destruction pure et simple de force vive. Il y a substitution ou, comme on dit métaphoriquement, transformation. Là où la force vive a disparu, sans avoir produit du travail intérieur, une quantité correspondante de chaleur a pris naissance. Au fond la loi de la conservation du mouvement n'est pas mise en échec. Il faut seulement l'élargir et embrasser les phénomènes thermiques aussi bien que les phénomènes dynamiques.

Toutes les particularités du choc s'éclairent dès lors supérieurement : 1° les corps parfaitement élastiques ne perdent pas de force vive; ils en échangent entre eux pendant le choc, mais la somme demeure invariable; en revanche ils ne s'échauffent pas; 2° les corps très durs, presque indéformables, voisins de cet état abstrait désigné sous le nom de *solide géométrique*, ne perdent pas non plus de force vive appréciable; ils ne s'échauffent pas davantage; 3° au contraire, les corps mous, susceptibles de s'écraser sans donner lieu à un travail intérieur sensible, peuvent perdre toute leur force vive; mais ils s'échauffent et cet échauffement est en rapport avec la force vive absorbée. Ainsi s'efface toute contradiction entre les résultats si différents manifestés dans le choc, selon la nature des corps en présence.

La même remarque s'applique à tous les phénomènes où les influences de contact entraînent des diminutions de vitesse. Le frottement est le plus saillant de ces phénomènes. C'est lui qui a mis sur la voie de l'équivalence mécanique de la chaleur. Le comte de Rumford, par ses célèbres expériences de Munich, mérite d'avoir son nom associé à ceux de MM. Mayer et Joule.

Inversement, les réactions au contact qui engendrent du mouvement sont accompagnées d'une diminution de chaleur. L'explosion d'un composé chimique fournit soudainement des gaz à une très haute température. Ces gaz en se dilatant propulsent les corps placés devant eux. Mais en même temps ils se refroidissent, et ils se refroidissent dans la proportion où le mouvement s'est communiqué. Il n'y a pas plus de création ici qu'il n'y avait destruction là. L'élément dynamique se forme aux dépens de la chaleur soustraite aux gaz pendant leur détente. Cette chaleur elle-même résultait de la consommation d'un certain composé chimique dans lequel la puissance avait été incorporée.

La loi que je viens d'exposer est le véritable trait d'union entre la Mécanique et la Physique. Nonobstant ses origines, elle a sa place marquée dans la première de ces deux Sciences. Car non seulement elle en éclaire les phénomènes, mais elle participe au caractère essentiel des trois premières lois : *Elle est indépendante de la nature des corps.* L'égalité entre l'action et la réaction, la conservation indéfinie de la vitesse, l'indépendance des mouvements se soutiennent pour toute espèce de matière; elles sont aussi vraies pour un corps que pour un autre. De même l'équivalence entre l'effet dynamique et l'effet calorifique est vraie pour tous les corps. Qu'un appareil thermique soit employé à remonter des poids ou à échauffer de l'eau, le rapport observé entre les deux séries d'effets ne se ressentira en rien de la nature des matériaux engagés dans la construction de cet appareil. Deux masses égales, animées des mêmes vitesses, représentent la même quantité de chaleur, quelle que soit l'espèce de matière de ces corps. Un kilogramme de marbre ou un kilogramme de fer, tombant de 424 mètres de haut, représentent l'un et l'autre une calorie. La relation thermodynamique est donc du même ordre que les trois premières lois et tout la désigne pour figurer à leur suite.

Cette loi a fait plus que d'expliquer les faits. Elle a suggéré une conception plus large de la force vive et a ouvert ainsi des voies nouvelles à la Philosophie naturelle.

Dès l'instant que la chaleur est directement équivalente à la force vive, elle cesse d'être la substance mystérieuse, distincte de la matière, qui tantôt pénètre les corps et tantôt se retire d'eux. Mais elle apparaît bien plutôt comme une vibration, comme une forme particulière, quoique infiniment subtile, du mouvement qui nous est familier. Il en est de même de l'électricité, de la lumière, de la puissance chimique. Leur équivalence vis-à-vis de la force vive s'accuse de jour en jour et fait pressentir l'identité fondamentale des divers modes d'activité de la Nature. Devant un horizon aussi étendu, les géomètres et les physiciens ne pouvaient se limiter au concept de la force vive ou de la masse vive, lequel rappelle invinciblement une forme spéciale de l'activité universelle. Ainsi s'est formé un concept plus général, embrassant à la fois tous ces phénomènes d'apparence si diverse. Le terme d'*énergie* a été adopté d'un commun accord par les savants et par les praticiens : il désigne aussi bien la puissance emmagasinée dans un corps à l'état de chaleur, d'électricité ou d'affinité chimique qu'à l'état de masse vive. La houille au sein de la Terre représente de l'énergie solaire accumulée depuis des siècles. La vapeur d'eau qui flotte dans l'atmosphère engendrera, en se condensant et en retombant sur le sol, de la chaleur et du mouvement.

L'énergie se montre donc sous deux aspects

très différents : *en puissance* et à l'état d'*effet réalisé*. La distinction est particulièrement sensible chez un corps placé à une certaine hauteur au-dessus du sol. Il contient en puissance la quantité d'énergie ou de force vive qu'il développera en tombant sous l'impulsion de la gravité. Son poids multiplié par la hauteur exprime le travail latent ou *potentiel* qui réside en lui avant que la chute commence. Au bas de la chute ce même produit représente, non plus un travail en puissance, mais un travail effectué et, par conséquent, la force vive dynamique emmagasinée par ce travail dans le corps. A un point intermédiaire quelconque, l'énergie latente ou potentielle, qui existait seule au départ, se divise maintenant en deux portions : l'une, la force vive développée par ce commencement de chute et qui se nomme énergie *actuelle* ou force vive proprement dite ; l'autre, qui continue à mériter le nom d'*énergie potentielle* et qui correspond au supplément de force vive dont la suite de la chute sera la source. En résumé : *L'énergie totale dévolue à un corps est égale à la somme de ses énergies actuelle et potentielle*. Chacune de celles-ci augmente ou diminue quand l'autre diminue ou augmente, mais leur total demeure invariable.

Tel est, en Dynamique, le *Principe de la conservation de la force vive;* l'expression « force vive » ayant désormais un sens beaucoup plus général. Ce principe signifie qu'il n'est pas au pouvoir d'un corps de changer la dose d'énergie dont il est dépositaire à raison de la situation qu'il occupe par rapport aux autres corps de l'Univers. Ainsi le globe terrestre renferme, au regard du Soleil, une énergie totale mesurée par la force vive qu'il possède actuellement et par celle qu'il acquerrait si, n'étant plus retenu par sa vitesse acquise, il pouvait tomber librement sur l'astre central, en vertu de l'attraction newtonienne. Ces deux forces vives se modifient sans cesse, à mesure que la Terre circulant sur son orbite s'éloigne ou se rapproche du Soleil; mais leur somme reste toujours la même.

Nous avons dit antérieurement que dans un corps ou système isolé, soumis seulement à ses actions intérieures, la somme des forces vives variait par suite du changement dans les positions mutuelles des parties. Mais avec cette nouvelle manière de comprendre et d'évaluer la force vive, il est visible que, si toutes les actions réciproques sont fonction des distances entre les corps du système ou entre les particules du corps, la force vive non plus actuelle mais totale est constante, parce que la somme des distances parcourues et à parcourir ne change pas.

Il ne faut pas confondre le principe de la conservation de l'énergie avec la loi d'inertie.

La loi d'inertie ne concerne que les corps présentement pourvus de vitesse, et elle déclare que cette vitesse se conserve intégralement, si aucun obstacle extérieur ne la détruit. Le principe de la conservation de l'énergie vise la permanence même de la force qui engendre le travail; il suppose que cette force ne faiblit pas avec le temps et devra, dès lors, produire les mêmes effets à quelque moment qu'on les évalue. Si la Terre garde son énergie par rapport au Soleil, c'est parce que l'attraction universelle s'exerce également chaque année. Dans le cas où cette attraction subirait une diminution dans la suite des temps, le principe de la conservation de l'énergie se trouverait en défaut. Et cependant la loi d'inertie continuerait de régner; les vitesses imprimées aux corps par les forces amoindries n'en demeureraient pas moins, une fois acquises, absolument invariables.

Le principe de la permanence de l'énergie

repose donc tacitement sur l'hypothèse que les forces naturelles sont indépendantes du temps. Jusqu'ici celles de ces forces qui meuvent la matière pondérable, l'attraction newtonienne, l'affinité chimique, la force répulsive des gaz, etc., ne paraissent pas subir de changement avec le temps et, par conséquent, la puissance dynamique qu'elles personnifient doit se conserver indéfiniment. Mais quand l'énergie prend la forme de chaleur, de lumière, d'électricité, nous ne sommes pas en mesure d'affirmer qu'elle n'est pas soumise à une déperdition continuelle qui affaiblit le total. Nous savons en effet que le Soleil, principal réservoir des forces de notre système, émet dans les espaces célestes une quantité énorme de rayons dont une partie infime est recueillie par les planètes et leurs satellites. Que devient cette provision d'énergie qui s'écoule ainsi, semble-t-il, sans retour? A moins que, par un mécanisme absolument inconnu, elle ne revienne au Soleil sous une forme nouvelle et ne serve à l'alimenter, nous devons nous avouer que l'énergie totale de notre système ne se maintient pas intégralement. Lors donc qu'on parle de la conservation de la force vive, il faut entendre la force vive proprement dynamique, celle qui se manifeste sous la forme de mouvement sensible, actuel ou possible, de la matière pondérable.

Les quatre lois qui précèdent sont la base solide sur laquelle la Mécanique rationnelle est fondée. Tout effort pour s'en passer est radicalement vain. On s'est demandé, par goût de la simplicité, si le nombre n'en pourrait pas être diminué à l'aide de formules plus compréhensives, permettant de les dériver de quelque vérité supérieure. Je ne crois pas que de pareilles tentatives aient des chances de succès : les objets visés par ces lois diffèrent tellement entre eux qu'on n'aperçoit pas le moyen de les grouper ni de les confondre dans un principe plus général. Quel rapport, en effet, existe-t-il entre ces quatre propositions : 1° les actions dans la Nature sont réciproques; 2° la vitesse une fois acquise se conserve; 3° les forces agissent indépendamment l'une de l'autre; 4° le travail est équivalent à de la chaleur? Il est probable qu'une formule qui prétendrait absorber deux de ces vérités ne serait plus compréhensive qu'en apparence et qu'au fond elle se décomposerait en deux affirmations distinctes.

Loin de réduire le nombre des lois, on sera bien plutôt amené à l'augmenter, afin d'expliquer plus clairement certains phénomènes dont le Calcul ne donne qu'une expression incomplète ou trop vague. C'est ainsi qu'après s'être contenté longtemps des trois premières lois, les géomètres se voient obligés aujourd'hui d'admettre la quatrième, sous peine de laisser toute une catégorie de questions sans solution. C'est ainsi encore que, pour mener à bien la théorie des fluides, on doit recourir à d'autres vérités naturelles, notamment à la loi dite d'*égalité de transmission des pressions*. On s'est efforcé d'en donner une démonstration directe, mais là encore se glisse une pétition de principes, comme dans le théorème sur le parallélogramme des forces. Au surplus, quand on construit une science concrète et non abstraite, telle que la Mécanique, on ne doit pas avoir la préoccupation de limiter les emprunts à l'expérience. La Nature ne se condamne pas au même enchaînement logique que nos Sciences mathématiques. Elle nous montre des faits dont nous n'apercevrons peut-être jamais le lien, et qu'il faut savoir admettre comme bases de nos théories. Leur nombre importe peu; la seule chose essentielle, c'est leur exactitude. A ce point de vue, les quatre lois fondamentales du mouvement ne laissent rien à désirer.

Il faut aussi se rendre compte que lorsque, de la Mécanique tout à fait générale, on veut passer à la Mécanique spécialisée, c'est-à-dire embrassant une catégorie particulière de faits, il est nécessaire de demander à l'expérience quelque nouvelle donnée, devant servir de base à la théorie spéciale qu'on poursuit. La Mécanique céleste n'existe que grâce à l'introduction d'une force définie : la gravitation. Malgré les développements immenses qu'elle a reçus et l'appui décisif qu'elle a prêté à la constitution de la Mécanique générale, elle n'en est, au point de vue philosophique, qu'une branche particulière; car la Mécanique générale n'exige pas d'hypothèse sur la nature des forces en jeu.

REMARQUE SUR LA STATIQUE.

Je dirai un mot de la *Statique* ou Science de l'équilibre.

Il est visible que l'équilibre est un cas particulier de la Dynamique. Les équations générales du mouvement d'un corps une fois obtenues, il suffit, pour résoudre le problème statique, d'exprimer dans ces équations que la vitesse du corps est nulle ou uniforme ; en d'autres termes, que l'accélération due aux forces est égale à zéro. Il en résulte immédiatement des conditions que doivent remplir les forces pour que leur action combinée soit effectivement sans influence sur l'état du corps : ce sont là précisément les conditions de l'équilibre. Mais ces questions, à raison de leur simplicité relative et du rôle important qu'elles jouent dans l'industrie, sont souvent abordées directement, en dehors de la Dynamique, et forment l'objet essentiel des Traités de Statique.

Il appert immédiatement que la grande différence entre de telles questions et celles qui concernent le mouvement, c'est que la notion de masse est absente. La force reste seule et elle est conçue comme une pression ou une traction, non suivie d'effet sensible, et condamnée à l'immobilité par une résistance indéfinie. Sa grandeur est mesurée par le nombre de kilogrammes qu'elle pourrait maintenir soulevés ou par la flexion qu'elle imprimerait à un dynamomètre.

C'est l'équilibre de telles forces qu'il s'agit de déterminer, problème qui revient à celui de leur composition ou de leur décomposition, en un point ou en des points reliés entre eux d'une manière invariable.

Les lois de cette composition et de cette décomposition ne sauraient, en dépit d'apparences séduisantes, être trouvées par la raison pure. Car, ainsi que je l'ai fait remarquer, les forces ne sont pas des quantités abstraites, comme les étendues et les durées. Elles sont les facteurs de phénomènes physiques. Elles agissent sur la matière pour lui donner du mouvement, et nous ne pouvons deviner les résultats de cette action, pas plus que nous ne devinons les effets de la chaleur ou de l'affinité chimique. Si, sous prétexte qu'il n'y a point, en Statique, de masse et de mouvement, nous prétendions nous passer des vérités fournies par l'expérience, nous ne parviendrions qu'à élever une sorte de Géométrie conventionnelle, sans lien aucun avec le monde extérieur, et qui nous ferait totalement défaut au moment où nous voudrions passer à des applications concrètes. Ce qui crée l'illusion, dans les efforts ainsi tentés, et ce qui donne quelque crédit aux méthodes employées, c'est d'abord qu'elles se recommandent de hauts patronages, et ensuite qu'elles font appel à des notions qui semblent évidentes *a priori*, parce que la pratique nous y a dès lóngtemps habitués et en a comme effacé le caractère contingent. Mais quand on se met en garde contre cette pente de l'esprit, on reconnaît l'impossibilité d'établir logiquement les règles de la composition des forces concourantes et des forces parallèles.

Sous quelle forme l'expérience peut-elle venir en aide à ces démonstrations?

Ce ne peut être évidemment sous la forme des lois qui régissent le mouvement. Car, si on les prend l'une après l'autre, on constate qu'elles n'ont pas d'objet dans le cas de l'équilibre. Il faudrait donc établir, par des expérimentations directes : 1° la règle du parallélogramme des forces, dans l'état du repos; 2° ce postulatum, dont les Traités de Statique font si souvent usage et qui a motivé nos réserves, à savoir que, dans un système en équilibre, on peut ajouter ou supprimer des forces égales et opposées sans nuire à l'équilibre.

Ces deux bases acquises, l'enchaînement des

vérités statiques se déroule sans difficulté. Mais, plus tard, on se trouvera arrêté si l'on prétend passer *de plano* à la Dynamique. La brillante invention qui a fait reposer la théorie tout entière du mouvement sur celle de l'équilibre présente une grave lacune : on y admet comme évident que deux systèmes de forces, équivalents dans l'état d'équilibre, sont encore équivalents dans l'état de mouvement. (Telle est la proposition sous-entendue dans la méthode analytique à laquelle nous faisons allusion.) Or on ne saurait nier que la question de masse, qui intervient tout à coup, jette dans l'esprit un élément de doute et que, pour le dissiper, il faut recourir aux lois générales du mouvement.

En résumé, la Statique peut être édifiée directement, et il y a quelquefois intérêt à procéder ainsi. Mais au fond, elle n'est pas moins expérimentale que la Dynamique. La seule différence entre elles c'est que la Statique, à raison de sa moindre complexité, s'appuye sur un nombre plus restreint de vérités naturelles. Mais, lorsque ensuite, quittant ce domaine circonscrit, on entre sur celui de la Dynamique, on retrouve, sous une forme différente, les mêmes *postulata* qu'on avait paru éviter, et, finalement, l'on ne fait pas une part moins large à l'observation.

CHAPITRE III.

DU PROBLÈME DYNAMIQUE.

Un système de masses étant en mouvement sous l'action de diverses forces, le problème dynamique, dans sa généralité, consiste à passer de la connaissance des forces et des masses à celle des mouvements, ou de la connaissance des masses et de leurs mouvements à celle des forces. Tantôt on descend des causes à leurs effets et tantôt on remonte des effets à leurs causes. Le problème, sous son premier aspect, a reçu le nom de *direct* et, sous le second aspect, le nom d'*inverse*.

La question inverse se pose dans l'étude des phénomènes de l'Univers. Quand nous promenons nos regards autour de nous, nous apercevons de la matière en mouvement; nous ignorons le plus souvent les forces qui l'agitent, ou, si nous en connaissons la nature, nous n'en connaissons pas la grandeur et nous cherchons à la mesurer. Lorsque Newton procéda à la découverte de la gravitation universelle, il avait devant lui les mouvements des planètes et de leurs satellites, et de ces mouvements il déduisait la force. Galilée, quand il étudiait la chute des corps graves; Cavendish, quand il voulait mesurer l'attraction de la Terre, avaient aussi sous leurs yeux certains mouvements, qui devaient leur servir également à calculer la force.

Au contraire, dans le domaine des arts et de l'industrie, nous devons résoudre habituellement la question directe. Nous disposons de forces, chute d'eau, vapeur, électricité, etc., et nous évaluons les mouvements que nous pourrons obtenir au moyen de leur emploi. Le problème direct est donc, pour ainsi parler, du domaine de la pratique, et le problème inverse du domaine de la spéculation scientifique. Bien entendu, cette règle n'est pas sans exception.

Les deux questions offrent entre elles une différence fondamentale, que j'ai déjà fait pressentir et dont l'importance philosophique ne saurait échapper.

Le problème direct est essentiellement *déterminé;* il n'admet chaque fois qu'une seule solution. La masse d'un corps étant donnée ainsi que les forces qui agissent sur lui, le mouvement en dérive nécessairement. On ne comprendrait pas que l'effet à produire demeurât dans l'indécision, que la même cause, dans les mêmes conditions, s'exerçât de façons multiples.

Au contraire, le problème qui remonte des effets aux causes est, de sa nature, *indéterminé.* Il peut comporter un grand nombre et même une infinité de solutions. Tout d'abord, il n'aboutit pas la plupart du temps à des réalités certaines, mais à des causes plus ou moins hypothétiques. La solution est *subjective* plutôt qu'*objective.* Nous assistons à des mouvements, sans pouvoir en assigner les causes véritables. Alors nous imaginons des forces, analogues à nos efforts personnels, et qui seraient susceptibles de produire ces mêmes monvements. Nous tenons le problème pour résolu quand nous sommes parvenus à chiffrer ces forces fictives, par comparaison avec l'unité qui nous est familière, et à en fixer la direction. En ce qui concerne la gravitation, dont la vraie nature nous est cachée, nous nous la représentons volontiers à la manière d'un effort agissant pour tirer ou pousser les astres les uns vers les autres. Notre esprit, à défaut d'une connaissance plus complète, éprouve une vive satisfaction à exprimer le phénomène sous cette forme simple qui nous paraît le mieux cadrer avec les faits. Tel fut le sentiment des contemporains de Newton, quand ils saluèrent sa mémorable découverte. Bien que ce grand homme eût eu le soin d'avertir qu'il ne préjugeait rien quant à la cause réelle de la gravité, personne n'hésita à considérer sa formule mathématique comme l'expression de la plus belle loi de l'Univers. Le problème inverse a donc ordinairement pour but, non d'assigner les forces véritables, mais d'évaluer les forces fictives ou théoriques qui pourraient engendrer les mouvements observés. A ce point de vue déjà la solution est indéterminée, puisqu'elle n'est pas emprisonnée dans une réalité précise. Mais elle est indéterminée, bien davantage, à un autre titre.

En effet, une foule de systèmes de forces peuvent répondre à la question. Assurément deux forces différentes ne peuvent pas solliciter un

corps d'une manière identique. Mais plusieurs
forces peuvent se combiner sur un corps, et à
plus forte raison sur un ensemble de corps reliés
entre eux, de façon à produire le même effet
que produiraient d'autres forces, différentes des
premières, venant s'y combiner à leur tour. Par
exemple, sur un point matériel plusieurs forces
ont une résultante, et celle-ci est susceptible
de produire le même effet que la collection des
forces données. Autour de cette résultante, on
peut concevoir autant de systèmes de composantes qu'on voudra, tous également capables de
communiquer le même mouvement. On serait
donc condamné à une perpétuelle incertitude,
si les recherches n'arrivaient pas à se circon-
scrire, grâce à cette disposition de notre esprit
qui nous fait poursuivre, en toute occurrence,
la solution la moins compliquée possible. Là où
une seule force pourrait suffire, nous n'en imaginons pas deux; là où deux forces suffiraient,
nous n'en imaginons pas trois. Dès lors, en présence d'un mouvement, nous commençons toujours par examiner si une ou plusieurs forces
sont déjà imposées par la nature de la question,
si leur existence est certaine, en dehors de notre
propre manière de voir. Cette constatation faite,

nous tâchons de découvrir le système de forces le plus simple qui, combiné avec les forces imposées, suffirait à assurer le mouvement observé. Ainsi, quand un corps se meut dans le vide, une force est imposée : la pesanteur. Quand il se meut dans l'atmosphère, deux forces sont imposées : la pesanteur et la résistance de l'air. Si ces deux forces ne suffisaient pas, avec la vitesse initiale, pour expliquer le mouvement, nous aurions à rechercher ou à imaginer une troisième force qui, combinée avec les précédentes, procurerait le déplacement effectif.

En règle générale, qu'il s'agisse d'un corps ou d'un assemblage de corps, nous poursuivons toujours le système le plus réduit possible qui, réuni avec les forces dont nous connaissons par avance l'existence, suffit à produire le mouvement constaté. Le problème se trouve ramené à la détermination; mais c'est une détermination relative. Elle peut ne pas répondre à la réalité des faits. Si nous ignorions, je suppose, la présence des deux actions distinctes qui s'exercent sur le projectile, nous serions amenés à attribuer son mouvement à une seule force dont l'expression, assez compliquée d'ailleurs, ne serait pas en harmonie avec les éléments naturels du phénomène. Il y a donc, je répète le mot, une forte part de subjectif dans la solution qui consiste à remonter des mouvements à leurs causes, tandis que cette part ne se rencontre pas dans la solution qui descend des causes à leurs effets.

Un problème, si général qu'il soit et si difficile qu'il paraisse, se ramène à des termes relativement simples. La transformation s'opère au moyen du principe de la composition et de la décomposition des forces.

Chacune des forces qui sollicitent un point matériel peut être décomposée en trois autres, parallèles à trois axes rectangulaires arbitrairement choisis. La vitesse, à tout instant, peut être décomposée de même. En sorte que le mouvement du point dans l'espace est la résultante de trois mouvements rectilignes dirigés chacun parallèlement à l'un des axes et dans lequel la composante de la force procure la composante de l'accélération. La même opération étant faite pour toutes les forces diverses qui concourent sur ce point matériel, le mouvement effectif, sous l'empire de toutes les forces, est exprimé par trois relations. Celles-ci énoncent que, suivant chaque axe, la somme des composantes des forces procure la somme des composantes de l'accélération. Comme d'autre part la position du point dans l'espace est déterminée par ses trois coordonnées, ou par les longueurs parcourues sur les axes en vertu des mouvements composants, il s'ensuit que le problème, dans toute sa généralité, est résolu et ramené à celui d'un simple mouvement rectiligne.

Si, au lieu d'un seul point matériel, on considère un système de points matériels enchaînés les uns aux autres d'une manière quelconque, soit par des attractions mutuelles, comme les corps du système solaire, soit par des liens plus ou moins rigides, comme les corps employés par l'industrie, on peut, — du moins en théorie, — appliquer à chacun de ces points la méthode dont nous venons de faire usage, en comprenant parmi les forces qui le sollicitent celles qui résultent des actions mutuelles ou des liaisons. Le mouvement général du système est ainsi ramené à une série de groupes ternaires de mouvements rectilignes suivant les trois axes. Je n'entre pas dans le détail des difficultés auxquelles donnerait lieu le maniement d'un pareil nombre d'équations, ni dans l'examen des procédés qui peuvent les atténuer; car j'empiéterais sur la partie proprement rationnelle de la Mécanique. Je me borne à signaler une particularité, qui joue un grand rôle dans les simplifications analytiques, et qu'on retrouve d'une façon plus ou moins explicite dans toutes les questions d'ordre concret : c'est la dualité des actions, proclamée par Newton. Les composantes des actions intérieures entre deux points quelconques, suivant un axe quelconque, ont des valeurs égales et de signes contraires et par conséquent disparaissent dans les équations relatives aux mouvements de ces deux points.

La décomposition suivant les axes rectangulaires n'est pas une règle constante. Elle est habituellement conseillée par la convenance de déterminer la position du point, à l'aide de ses coordonnées; mais quand cette préoccupation ne domine pas et qu'on vise plutôt à calculer la grandeur des forces, on peut opérer différemment. La décomposition de chacune des forces motrices peut être faite suivant deux directions seulement, celles de la tangente et de la normale. La force tangentielle totale est exprimée par l'accélération de la vitesse tangentielle, de même que la force centripète totale est exprimée par le rapport du carré de la vitesse tangentielle au rayon de courbure. Pour d'autres motifs, dans la Mécanique céleste, où l'on considère des forces centrales, on est souvent conduit à adopter comme coordonnées la distance du mobile au foyer de la force et l'angle parcouru par le rayon vecteur.

Un cas de simplification très remarquable et très important est celui où le système mécanique est constitué de telle sorte que ses diverses parties ne sont susceptibles que d'un seul mouvement. Ce cas se présente dans la plupart de nos machines. La destination de ces appareils en a commandé l'agencement de manière que chaque point avance ou recule suivant une ligne unique. En outre les machines, pendant la plus grande partie de leur fonctionnement, ont une vitesse uniforme; du moins elles repassent périodiquement et à de très courts intervalles par le même degré de vitesse. Il s'ensuit qu'en se bornant à envisager ces retours périodiques, on est en droit de dire que la vitesse est constante et que les moteurs n'engendrent aucune force ou masse vive. Une seule équation devant suffire à exprimer un tel mouvement, celle du travail résout le problème. Elle se réduit à ces termes que, entre deux points où la vitesse redevient la même, le travail moteur est égal au travail résistant. Ce dernier englobe d'ailleurs, comme nous en avons fait la remarque, non seulement le travail utile, mais aussi celui qu'absorbent les résistances passives, ou travail perdu. La relation qui définit le mouvement peut donc être ainsi formulée : *La force motrice et la résistance totale sont en raison inverse des parcours qu'elles effectuent sur leur propre direction.*

CONCLUSION.

Si j'ai réussi à me faire comprendre, la Mécanique doit apparaître comme un tout parfaitement lié. Elle repose sur des bases absolument certaines, car ces bases ne sont autres que des faits concrets soigneusement observés et longuement contrôlés. Les lois générales du mouvement dépassent en portée et en précision la plupart des principes naturels invoqués dans les diverses branches de la Physique. Elles s'étendent à des phénomènes chaque jour plus nombreux et vraisemblablement gouvernent tous les corps de l'Univers.

Sur ces vastes et solides assises, les géomètres, à l'aide uniquement du Calcul, ont élevé une majestueuse construction dont les parties se rattachent logiquement les unes aux autres et qui par son irréprochable ordonnance a mérité le beau nom de « rationnelle » qui lui a été unanimement décerné. Je me suis efforcé d'en dégager les abords et d'assurer les premiers pas de ceux qui voudraient pénétrer à l'intérieur de l'édifice.

Quelque immenses qu'aient été les développements apportés par plusieurs générations de mathématiciens, il ne faut pas perdre de vue que leurs efforts ont rencontré une limite naturelle : c'est celle qu'impose notre connaissance imparfaite de la constitution des corps et des forces qui les animent. Les lois du mouvement visent dans leur énoncé tous les corps possibles, mais quand on veut sortir des généralités et aboutir à des conséquences précises, il faut faire certaines hypothèses sur la nature des corps et forcément, pour que les résultats ne s'éloignent pas trop de la réalité, il faut que ces hypothèses elles-mêmes répondent assez bien aux conditions du monde extérieur. Or les seules hypothèses qui jusqu'ici se soient pleinement adaptées aux corps réels sont : 1° celle des systèmes de points matériels reliés par des attractions mutuelles, d'où est sortie l'Astronomie, et 2° celle des systèmes invariables de forme, d'où est sortie la Mécanique des corps solides libres ou assujettis à des liaisons. Les autres hypothèses, même celles qui concernent les fluides, laissent encore beaucoup à désirer et les théories établies à leur sujet sont loin de leur achèvement. A plus forte raison les corps intermédiaires et mal définis, mous, pâteux, visqueux, se prêtent-ils mal à l'application du Calcul.

En résumé les lacunes que présente encore la Mécanique rationnelle, et qu'elle présentera peut-être toujours, ne tiennent ni à l'incertitude des bases expérimentales, ni à l'insuffisance des méthodes analytiques. Elles proviennent exclusivement des imperfections de la Physique, qui ne permettent pas de particulariser et de pousser aussi loin qu'il le faudrait les conséquences des lois générales. Aussi la Mécanique terrestre, qui exige impérieusement la connaissance de la constitution des corps et des milieux, restera-t-elle fort inférieure à la Mécanique céleste, qui en est heureusement affranchie.

FIN.

TABLE DES MATIÈRES.

PARIS. — IMPRIMERIE GAUTHIER-VILLARS,

31206 Quai des Grands-Augustins, 55.

www.ingramcontent.com/pod-product-compliance
Ingram Content Group UK Ltd.
Pitfield, Milton Keynes, MK11 3LW, UK
UKHW021218140726
13695UKWH00002B/620